Nachhaltiges Flächenmanagement

Stadt und Region als Handlungsfeld

Herausgegeben vom Kompetenzzentrum für Raumforschung
und Regionalentwicklung in der Region Hannover

Band 12

Dietmar Scholich/Lena Neubert (Hrsg.)

Nachhaltiges Flächenmanagement

Flächensparen, aber wie?

Bibliografische Information der Deutschen Nationalbibliothek
Die Deutsche Nationalbibliothek verzeichnet diese Publikation
in der Deutschen Nationalbibliografie; detaillierte bibliografische
Daten sind im Internet über http://dnb.d-nb.de abrufbar.

Gedruckt auf alterungsbeständigem,
säurefreiem Papier.

ISSN 1610-2444
ISBN 978-3-631-65005-9 (Print)
E-ISBN 978-3-653-03855-2 (E-Book)
DOI 10.3726/978-3-653-03855-2

© Peter Lang GmbH
Internationaler Verlag der Wissenschaften
Frankfurt am Main 2013
Alle Rechte vorbehalten.
PL Academic Research ist ein Imprint der Peter Lang GmbH.

Peter Lang – Frankfurt am Main · Bern · Bruxelles · New York ·
Oxford · Warszawa · Wien

Das Werk einschließlich aller seiner Teile ist urheberrechtlich
geschützt. Jede Verwertung außerhalb der engen Grenzen des
Urheberrechtsgesetzes ist ohne Zustimmung des Verlages
unzulässig und strafbar. Das gilt insbesondere für
Vervielfältigungen, Übersetzungen, Mikroverfilmungen und die
Einspeicherung und Verarbeitung in elektronischen Systemen.

Dieses Buch erscheint in einer Herausgeberreihe bei
PL Academic Research und wurde vor dem Erscheinen peer reviewed.

www.peterlang.com

Inhalt

Ulrich Kinder
Nachhaltiges Flächenmanagement – Flächensparen, aber wie? 13

Irene Dahlmann
Zukunft Fläche Niedersachsen – Eine Strategie zum Flächen sparen 29

Birgit Böhm
Partizipation als Voraussetzung nachhaltiger Regionalentwicklung? 39

Anja Brauckmann, Rainer Danielzyk und Andrea Dittrich-Wesbuer
Kosten-Nutzen-Struktur von Siedlungsgebieten aus kommunaler und regionaler Sicht: regionale Auswirkungen von Wohn- und Gewerbeprojekten auf dem Prüfstand 59

Stephanie Bock
Wege zum nachhaltigen Flächenmanagement – Themen, Projekte und Ergebnisse des BMBF Förderschwerpunktes REFINA 77

Klaus Einig
Evaluierung in der Regionalplanung – Ergebnisse einer vergleichenden Plananalyse 99

Peter Weingarten
Landnutzungswandel vor dem Hintergrund der Perspektiven in der Agrar- und Energiepolitik 129

Zu den Autorinnen und Autoren 147

In den einzelnen Beiträgen wurden überwiegend grammatische Formen gewählt, die weibliche und männliche Personen gleichermaßen einschließen. War dies nicht möglich, wurde zwecks besserer Lesbarkeit und aus Gründen der Vereinfachung nur eine geschlechterspezifische Form verwendet.

Vorwort der Herausgeber

Der Band dokumentiert eine Vortragsreihe, die das Kompetenzzentrum für Raumforschung und Regionalentwicklung in der Region Hannover e.V. (KompZ) im Sommersemester 2012 an der Leibniz Universität Hannover durchgeführt hat. Es handelt sich um die Ringvorlesung, die das KompZ seit 2002 jährlich zu wechselnden Themen mit besonderem Diskussions- und Handlungsbedarf veranstaltet.

Kompetenzzentrum für Raumforschung und Regionalentwicklung in der Region Hannover

Das 2001 auf Initiative der Akademie für Raumforschung und Landesplanung – Leibniz-Forum für Raumwissenschaften (ARL) gegründete Kompetenzzentrum (www.kompetenzzentrum-hannover.de) bündelt mit der ARL, den Instituten der Forschungsinitiative TRUST der Leibniz Universität Hannover und einer Reihe weiterer außeruniversitärer Einrichtungen aus Forschung, Verwaltung und Wirtschaft ein für den norddeutschen Raum einzigartiges Potenzial am Wissenschaftsstandort Hannover. Es bildet ein interdisziplinäres Netzwerk und Forum für den Dialog zwischen Wissenschaft, Praxis und Öffentlichkeit.

Ziele des Netzwerkes sind der wechselseitige Wissenstransfer, der Austausch von Informationen und Erkenntnissen, die Erschließung, Bündelung und Nutzbarmachung des raumwissenschaftlichen und raumentwicklungspolitischen Know-hows sowie die Zusammenarbeit der beteiligten Einrichtungen bei gemeinsam interessierenden, aktuellen und gesellschaftlich relevanten Fragestellungen.

Die Aufgaben des KompZ liegen in der gemeinsamen Forschung und Ausbildung sowie im regelmäßigen Informations- und Erfahrungsaustausch. Hierzu gehören zum einen die Nachwuchsförderung, Aus-, Fort- und Weiterbildungsangebote für Studierende und für die Praxis sowie zum anderen die Sondierung gemeinsamer Forschungsinteressen und die disziplinübergreifende Bearbeitung konkreter Vorhaben in Forschung und Praxis. Wichtige Aufgabenfelder sind darüber hinaus die Gesellschaftsberatung (Politik, Verwaltung, Öffentlichkeit) und die Profilierung des Standortes durch regelmäßige Vorhaben, wie ein jährlich stattfindendes Fachforum, eine Ringvorlesung im Sommersemester und die Schriftenreihe „Stadt und Region als Handlungsfeld" im Peter Lang Verlag.

Schriftenreihe „Stadt und Region als Handlungsfeld"

In der Schriftenreihe des KompZ sind bislang Beiträge zu folgenden Themen erschienen:

- Zur Zukunft des Raumes: Stadt - Region - Kultur - Landschaft (Band 1, 2002)
- Parametrische Steuerung: Operationalisierte Zielvorgaben als neuer Steuerungsmodus in der Raumplanung (Band 2, 2003)
- Integrative und sektorale Aspekte der Stadtregion als System (Band 3, 2004)
- Soziale Integration als Herausforderung für kommunale und regionale Akteure (Band 4, 2005)
- Kulturlandschaften (Band 5, 2008)
- Bewegung im Raum, Raum in Bewegung (Band 6, 2009)
- Die Europäische Stadt - Ein räumlich und zeitlich definiertes Ereignis (Band 7, 2009)
- Europäische Raumentwicklung: Metropolen und periphere Regionen (Band 8, 2009)
- Planungen für den Raum zwischen Integration und Fragmentierung (Band 9, 2010)
- Kommunale Finanznot - Auswirkungen und Lösungsansätze (Band 10, 2012)
- Neue Chancen für Kommune und Region: Entstaatlichung, Finanzkrise, demographischer Wandel (Band 11, 2012)

Gemeinsame Basis dieser und aller weiteren Bände in der Schriftenreihe wie auch aller anderen Aktivitäten des KompZ (Veranstaltungen, Forschungsprojekte etc.) ist die Leitvorstellung der nachhaltigen Raumentwicklung, denen sich alle Beteiligten verpflichtet fühlen.

Ringvorlesung 2012 „Nachhaltiges Flächenmanagement - Flächensparen, aber wie?"

Die Siedlungsfläche, das sind Flächen für Infrastrukturen, Wohnen, Arbeiten, Freizeit und Mobilität, ist in Deutschland ständig gewachsen. Das Siedlungsflächenwachstum erfolgte fast ausschließlich auf Kosten der Landwirtschaftsflächen, die oftmals auch für den Naturschutz und für die Kulturlandschaft wertvolle Wiesen und Weiden waren. Aktuell werden in Deutschland täglich mehr als 75 ha Boden durch Siedlungs- und Verkehrsflächen beansprucht. Dies entspricht ungefähr der Fläche eines Drittels von Hannover. Gar nicht mit berücksichtigt sind dabei die sogenannten indirekten Flächeninanspruchnahmen durch z.B. Emissionen (Verlärmung, Verschmutzung etc.) und Zerschneidungen. Nahezu 70 % der Flächeninanspruchnahme findet außerhalb verdichteter Bereiche statt, also vorwiegend im ländlichen Raum.

Können wir uns diesen Flächen"verbrauch" in Zukunft noch leisten? Ist Besserung in Sicht?

Schließlich benötigt die Landwirtschaft weiterhin Flächen, um unsere Ernährungsgrundlagen zu gewährleisten, und sie benötigt zusätzliche Flächen für die alternative Energieproduktion. Auch Umwelt- und Naturschutz brauchen Flächen, um Grundwasserressourcen zu schützen und dem Verlust an Biodiversität Einhalt zu gebieten. Zudem führt die Ausdehnung von Siedlungsflächen häufig zur Unterauslastung bestehender und dem kostenaufwändigen Bau neuer Infrastrukturen – vor dem Hintergrund der demographischen Trends eine kontraproduktive Entwicklung.

Wesentliche Ursache des Siedlungsflächenwachstums ist unser Konsumverhalten. Es geht dabei nicht um den Konsum, der für die Erhaltung des Lebens jedes Einzelnen notwendig ist, sondern um die Angewohnheit des Menschen, die ihm zur Verfügung stehen Vorratskammern über Gebühr zu leeren. Bezogen auf die Flächeninanspruchnahme gilt das für nahezu jede Form des Konsums: Wohnen, Einkaufen, Freizeit etc. Vor allem aus dem Kreis der Philosophen und Ethiker wird schon seit geraumer Zeit mehr Bescheidenheit eingefordert. Gleichzeitig werden große Zweifel vorgebracht, eine Verwöhngesellschaft zur Bescheidenheit erziehen zu können.

Es fehlt auch keineswegs an Mahnungen aus den Reihen der Raumwissenschaften zur Reduzierung der Flächeninanspruchnahme in bestimmten Teilräumen. Die gesellschaftliche, wirtschaftliche und politische Bedeutung des haushälterischen Umganges mit der Fläche wird speziell von der Akademie für Raumforschung und Landesplanung – Leibniz-Forum für Raumwissenschaften (ARL) regelmäßig betont. Die ARL hat Mitte der 1980er Jahre den Begriff der Flächenhaushaltspolitik geprägt, der sich genau dieser Problematik annimmt, und konkrete Vorschläge zu deren Umsetzung unterbreitet. Der Rat für Nachhaltige Entwicklung hat schon vor Jahren das 30 ha-Ziel ausgegeben, das in das Set nationaler Nachhaltigkeitsindikatoren aufgenommen wurde. Dass dieses Ziel bis 2020 bundesweit erreicht wird, war von Beginn an unwahrscheinlich. Es mangelt auch keineswegs an gesetzlichen Regelungen. Die Pflicht zur Reduzierung der Flächeninanspruchnahme zu Lasten des Freiraums ist z.B. im Bodenschutzgesetz genauso verankert worden wie im Baugesetzbuch und im Raumordnungsgesetz.

Warum sich so wenig ändert, liegt zum einen an Umsetzungsdefiziten. Für den Bereich der Raumplanung sind weder mehr Gesetze noch Instrumente oder Strategien erforderlich. Vielmehr müssen beispielsweise die Leitvorstellung nachhaltiger Raumentwicklung oder das Gebot Innen- statt Außenentwicklung regelmäßiger und konsequenter angewendet werden. Zum anderen fehlt dem Boden (noch) die erforderliche Lobby. Die Flächeninanspruchnahme ist eine Herausforderung an die Weitsicht und Gestaltungskraft nicht nur der Politik und der verantwortlichen Behörden, sondern der Gesellschaft insgesamt und jedes Einzelnen. Themen wie Energiewende, Klimawandel und Trinkwasserschutz sind in der Bevölkerung einigermaßen bekannt. Für die Flächenproblematik trifft das nicht zu. Es ist bisher nur unzureichend gelungen, das Wissen über Flächeninanspruchnahmen zu Lasten der Freiräume und deren Konsequenzen, insbesondere auch mit Blick auf Kosten und Folgekosten der Ausweisung von neuen Siedlungsgebieten und des Baues von neuen Infrastrukturen, in die Öffentlichkeit zu tragen. Damit nachhaltige Raumentwicklung keine Leerformel bleibt, muss gerade auch dieser Wissenstransfer rasch verbessert und intensiviert werden.

Die Ringvorlesung 2012 des Kompetenzzentrums hat sich der zahlreichen Fragen angenommen, die aus diesen Zusammenhängen erwachsen. Dazu gehörten allgemeine Fragen nach dem Wie des Flächensparens mit besonderem Blick auf Niedersachsen, worauf zu achten, wer einzubinden und bei den Diskussionsprozessen mitzunehmen ist. Gefragt wurde z.B. auch, welche raumentwicklungspolitischen Konsequenzen eine reduzierte Inanspruchnahme von Flächen auf kommunaler, regionaler und Landesebene mit sich bringt, welche Instrumente genutzt werden können oder wie ein Flächenmonitoring und die Evaluierung von Regionalplänen gestaltet sein müssen.

Mit der Veröffentlichung der Beiträge möchte das Kompetenzzentrum die Diskussionen zu diesem klassischen wie auch wichtigen Themenfeld ein Stück voranbringen. Die einerseits grundlegenden und andererseits räumlich konkreten Erfahrungen und Perspektiven aus unterschiedlichen fachlichen und überfachlichen Blickwinkeln soll die Leserschaft zum Nachdenken über eine zentrale Frage nachhaltiger Raumentwicklung anregen.

Zum Gelingen dieser Veröffentlichung haben in erster Linie die Autorinnen und Autoren beigetragen, denen wir auch im Namen der Mitglieder des KompZ herzlich danken. Bei ihnen liegt die wissenschaftliche Verantwortung für die nachfolgenden Beiträge.

Dietmar Scholich / Lena Neubert   *Hannover, 20. August 2013*

Vorwort der Herausgeber 11

Dietmar Scholich

Prof. Dr.-Ing., Dipl.-Ing., bis 03/2013 Generalsekretär der Akademie für Raumforschung und Landesplanung – Leibniz-Forum für Raumwissenschaften (ARL), sowie Vorstandsvorsitzender und Stellv. Vorstandsvorsitzender des Kompetenzzentrums für Raumforschung und Regionalentwicklung in der Region Hannover

Lena Neubert

Dipl.-Geogr., Wissenschaftliche Mitarbeiterin, Geschäftsstelle der Akademie für Raumforschung und Landesplanung – Leibniz-Forum für Raumwissenschaften (ARL)

Ulrich Kinder

Nachhaltiges Flächenmanagement – Flächensparen, aber wie?

Inhalt

1 Flächensparen – ein Dauerthema für räumliche Planung
2 Das 30 ha Ziel
3 Folgekosten des Flächenverbrauchs
4 Flächensparen als Aufgabe der Raumordnung
5 Renaissance der Stadt – Chance zur Reduzierung des Flächenverbrauches

1 Flächensparen – ein Dauerthema für räumliche Planung

Die Reduzierung des Flächenverbrauchs ist seit Jahren ein Dauerthema der Raumentwicklung. Natur- und Landschaftsflächen werden beeinträchtigt, zerschnitten oder zerstört; durch die flächenhafte Neuinanspruchnahme von Boden gehen wertvolle Böden für die Landwirtschaft verloren. Hauptverursacher sind neue Siedlungs- und Verkehrsflächen (SuV). Dazu zählen Flächen für:

- Wohnen und Arbeiten
- Mobilität
- Innerörtliche Erholung und Freizeit
- Trassen und Korridore von übergemeindlichen Straßen, Autobahnen, Bahnanlagen, Stromleitungen etc.

Derzeit liegt der Anteil der SuV bei ca. 13 % (1992: 11 %). Der Versiegelungsgrad der SuV liegt bei rd. 50 %. In den letzten 50 Jahren ist ein deutlich höherer Anstieg der Siedlungs- und Verkehrsflächen gegenüber der Bevölkerungs- und Beschäftigtenentwicklung festzustellen (140 bzw. 40 % gegenüber 17 bzw. 26 %). Dennoch steht die These im Raum, dass bei der Entwicklung des

Flächenverbrauchs der Höhepunkt bereits überschritten sei. Die höchsten Flächenverbrauchszahlen lagen zwischen 1993 und 2000. Derzeit ist ein geringerer Flächenverbrauch pro Jahr festzustellen – eher bei Siedlungs- als bei Verkehrsflächen. Aber: trotz stagnierender Bevölkerungsanzahl wird es weiteres Siedlungsflächenwachstum geben: durch die Erhöhung der Haushaltszahlen und den erhöhten pro Kopf - Verbrauch an Wohnfläche.

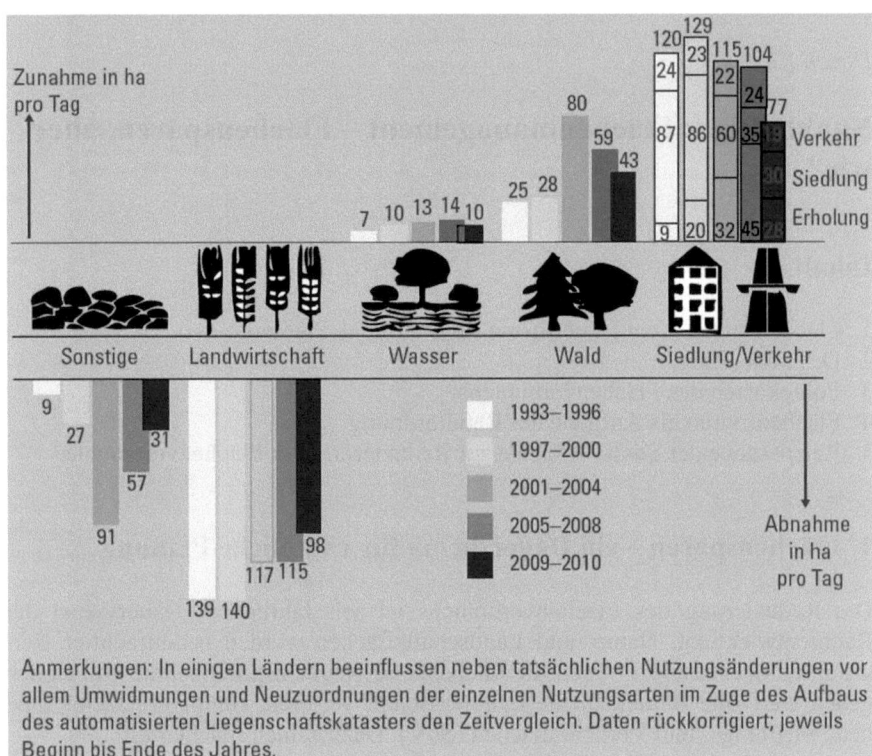

Abb. 1: Veränderung der Bodennutzung 1993 - 2010 (Quelle: BBSR 2012)

2 Das 30 ha Ziel

Die Bundesregierung hat bereits 2002 in ihrer Nationalen Nachhaltigkeitsstrategie beschlossen, den täglichen Flächenverbrauch von damals 129 ha auf 30 ha zu reduzieren und kombiniert dieses Mengenziel mit dem Qualitätsziel der vorrangigen Innenentwicklung im Verhältnis von Innen- zu Außenentwicklung von 3:1. Als zentrale Ansätze für die Erreichung dieser übergeordneten Mengen- und

Nachhaltiges Flächenmanagement – Flächensparen, aber wie? 15

Qualitätsziele benennt sie eine höhere Flächeneffizienz und die Kreislaufnutzung von Siedlungsflächen. Ob dieses ambitionierte 30 ha-Ziel erreichbar ist, ist umstritten. Aktuell ist eine rückläufige Tendenz auf immer noch hohem Niveau zu verzeichnen (2006 – 2009: durchschnittlich 94 ha / Tag - aber: 2009: 78 ha / Tag).

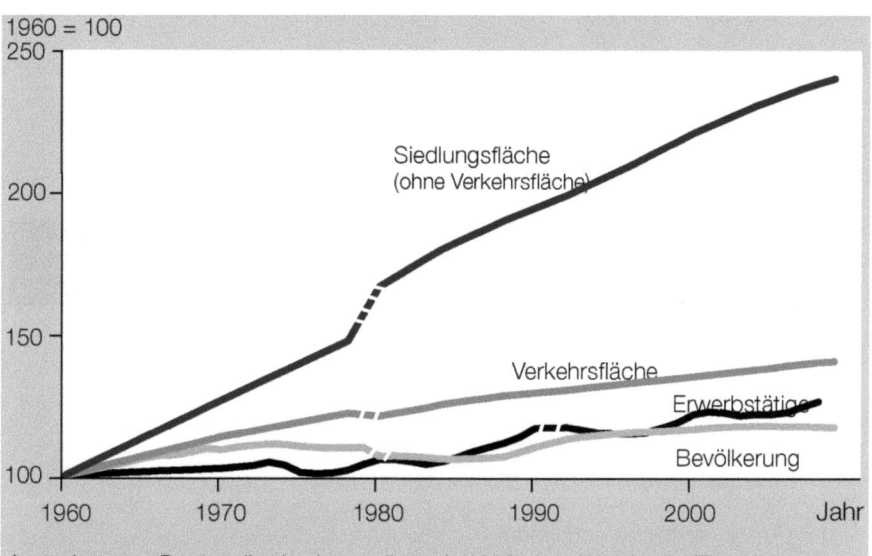

Abb. 2: Entwicklung der Siedlungs- und Verkehrsfläche, Bevölkerung und Erwerbstätige 1960 - 2008 (Quelle: BBSR 2011)

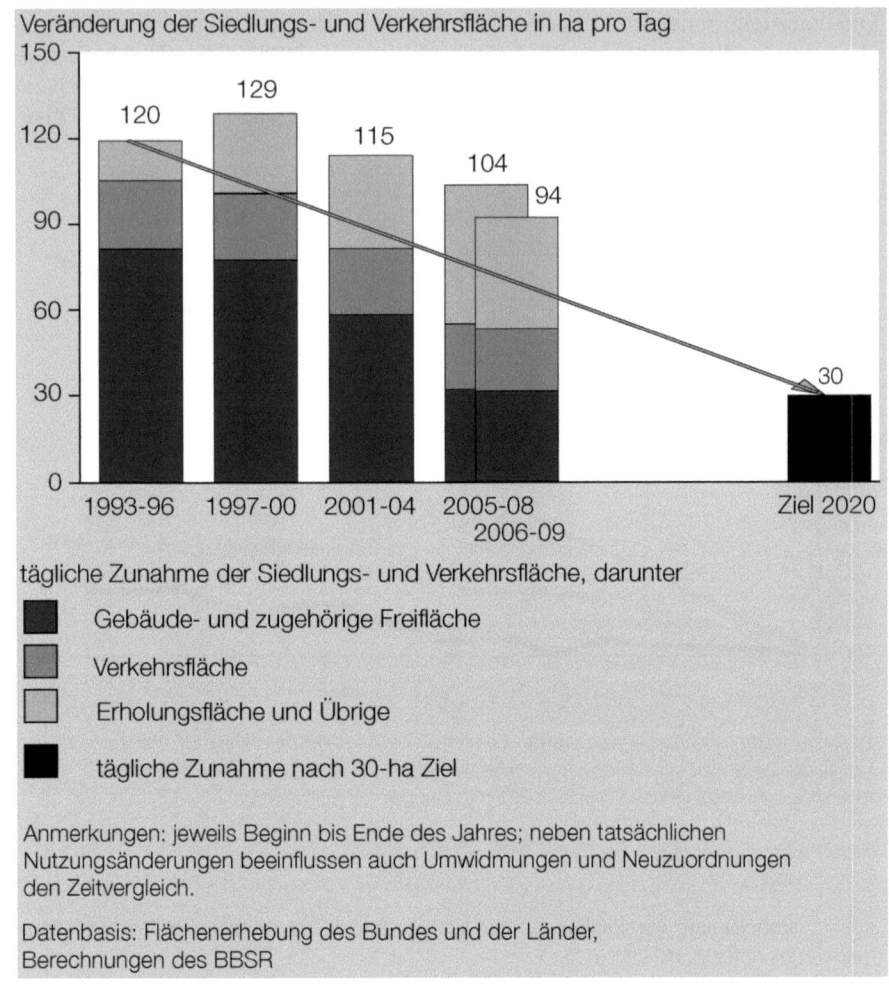

Abb. 3: Flächeninanspruchnahme und 30 ha - Ziel bis 2020 (Quelle: BBSR 2011)

3 Folgekosten des Flächenverbrauchs

Eine Untersuchung in 10 kleineren Neubaugebieten am Ortsrand in 4 Gemeinden im Erweiterten Wirtschaftsraum Hannover (Baubeginn zwischen 1998 bis 2008, 13 - 38 geplante WE) hat die Folgekosten neuer Baugebiete untersucht (Forum zur Stadt- und Regionalplanung 2010). Die Infrastrukturfolgekosten werden dabei unterschieden in:

Nachhaltiges Flächenmanagement – Flächensparen, aber wie? 17

- Folgekosten beim Bau:
  - innere Erschließung mit Straßen, Kanalisation für die Frischwasserversorgung, die Regenwasser- und Schmutzwasserentsorgung
  - die sonstigen Netzinfrastrukturen (Gas, Strom, Telekommunikation)
  - die Anbindung des Gebiets an die vorhandenen Leitungs- und Straßennetze
- Folgekosten in der Unterhaltung
  - dauerhafte Kosten für den laufenden Betrieb
  - periodisch für Instandsetzung und Erneuerung.

Die Unterhaltungskosten sind anfangs relativ gering, erhöhen sich aber im Laufe der Zeit mit zunehmenden Instandsetzungs-/Erneuerungsmaßnahmen. Eine finanzielle Belastung kann für die Kommunen durch eine geringe und langsame Vermarktung entstehen, wie sie derzeit häufig zu beobachten ist (Demographie - Effekt). Ergebnis der Studie: Neue Siedlungsgebiete am Ortsrand verbrauchen nicht nur Fläche, sondern sind für die Kommunen in Herstellung und Unterhalt auch teuer. Die Folgekosten tragen immer die Kommunen bzw. die Gebührenzahler. Siedlungsentwicklung innerhalb integrierter Lagen verbraucht weniger Fläche, lastet vorhandene Infrastruktur (insb. Straßen, Leitungen, Kanäle) besser aus und schont die kommunalen Haushalte.

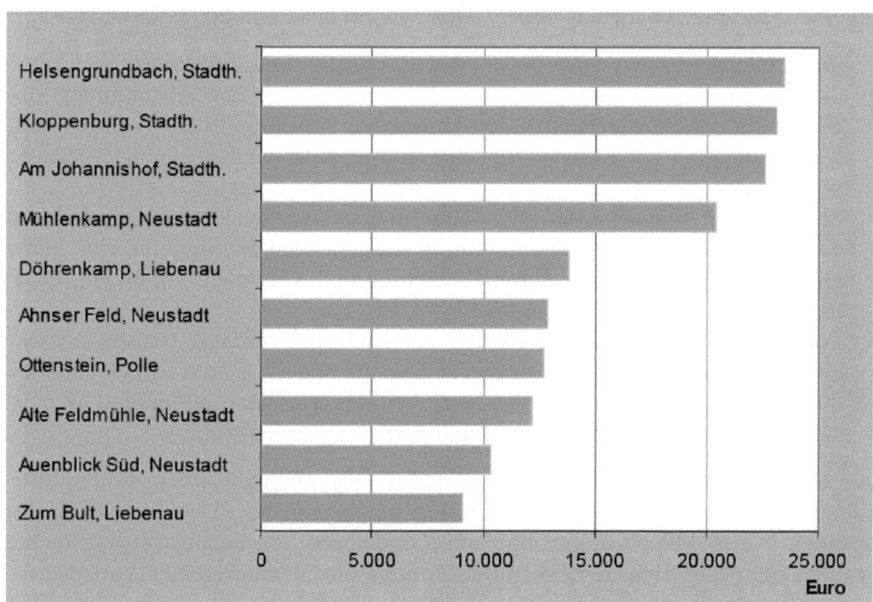

Abb. 4: Infrastrukturkosten bei neuen Wohngebieten (Quelle: Forum für Stadt- und Regionalplanung 2010)

4 Flächensparen als Aufgabe der Raumordnung

Die Ministerkonferenz für Raumordnung (MKRO) hat in ihrem Beschluss vom Mai 2010 das Thema Flächensparen als Aufgabe der Raumordnung behandelt. Das Ziel einer nachhaltigen Raum- und Siedlungsentwicklung wird als eine Kernaufgabe der unterschiedlichen Planungsebenen bekräftigt. Die regional unterschiedlichen Flächenbedarfe werden ebenso betont wie das Anpassungserfordernis von Infrastrukturinvestitionen an die jeweiligen regionalen Nachfrage- und Auslastungsverhältnisse. Die MKRO verfolgt zur Reduzierung der weiteren Flächeninanspruchnahme im Sinne der Nachhaltigkeitsstrategie „eine Doppelstrategie, die in erster Linie auf eine weitere Stärkung der Innenentwicklung, insbesondere durch Wiedernutzung von Brachflächen, auf die Nutzung leer gefallener Bausubstanz sowie auf eine angemessene Nachverdichtung setzt und diese mit einer deutlichen Begrenzung der Neuinanspruchnahme von Flächen im Außenbereich verbindet" (MKRO 2010). Sie verweist zudem auf vorhandene Flächenkonkurrenzen gerade im Innenbereich und spricht sich dafür aus, „das vorhandene Planungsinstrumentarium auf allen Ebenen konsequenter anzuwenden, geeignete planerische Einzelinstrumente zu schärfen, die Wirksamkeit der verbindlichen Vorschriften und Planungsinstrumente durch flankierende Instrumente und informelle Verfahren zu erhöhen sowie bestehende Vollzugsdefizite zu erkennen und zu beheben" (ebd.). Dazu gehört aus Sicht der MKRO, „dass:

- die Landesplanungen den Vorrang der Innenentwicklung festlegen;
- die interkommunale und regionale Kooperation bei der Abstimmung des Siedlungsflächenbedarfs, bei der Umsetzung stadtregionaler Freiraumkonzepte sowie bei der Entwicklung interkommunaler Gewerbegebiete gestärkt wird;
- die von einer intensivierten regionalen und interregionalen Kooperation und einem verbesserten Flächenmonitoring ausgehenden Impulse für eine haushälterische Flächenpolitik durch Bündelung und Vernetzung in einem regionalen Flächenmanagement verstärkt werden;
- Folgekostenrechner, die die Kosten der Außenentwicklung transparent machen, angewendet werden. Darüber hinaus können die Städte und Gemeinden durch die Bereitstellung von landeseinheitlich erfassten und laufend aktualisierten Siedlungsflächenpotenzialen unterstützt werden" (ebd.).

Angesprochen werden zudem eine verstärkte Öffentlichkeitsarbeit, förderpolitische Impulse und Anreize für Innenentwicklung sowie das Flächenrecycling. Instrumente zur Mengensteuerung und handelbare Flächenausweisungsrechte werden zugunsten eines regional abgestimmten Flächenmanagements abgelehnt.

Aktivitäten auf Länderebene

Das Flächenmanagement kann durch flächenpolitisch besonders bedeutsame Leitvorgaben der Raumordnungspläne der Länder und der Regionalpläne raumordnerisch gesteuert werden; u. a. durch:

- vorrangige Ausrichtung der Siedlungsentwicklung am Bestand durch Nutzung von Baulücken, Baulandreserven, Brachflächen und Möglichkeiten der Verdichtung (Innen- vor Außenentwicklung)
- Vermeidung einer flächenhaften Zersiedelung durch Konzentration der Siedlungstätigkeit in „Zentralen Orten", an Entwicklungsachsen und in Siedlungsschwerpunkten
- Sicherung ausreichender Freiräume zum Schutz der ökologischen Ressourcen und für Zwecke der Erholung sowie Vorhaltung von Flächen für land- und forstwirtschaftliche Nutzungen, für den vorbeugenden Hochwasserschutz und für die Nutzung regenerativer Energiequellen
- Vermeidung der Inanspruchnahme von Böden mit besonderer Bedeutung für den Naturhaushalt sowie für landwirtschaftliche Nutzungen und oberflächennahe Rohstoffe.

Das Land Niedersachsen hat im Rahmen der 6. Regierungskommission Energie- und Ressourceneffizienz 2007 einen Arbeitskreis „Flächenverbrauch und Bodenschutz" eingerichtet, der sich interdisziplinär mit dem Thema auseinandersetzt und Empfehlungen zur Reduzierung des Flächenverbrauches erarbeiten soll; insb. in den Bereichen Flächeninformation, Planung und Kooperation, Kommunikation, Förderprogramme, Flächenrecycling und ökonomische Instrumente. Der für 2012 angekündigte Bericht ist bislang noch nicht erschienen. Im Bereich des Umweltministeriums ist, etwas versteckt, ein Internetportal „Zukunft Fläche Niedersachsen" eingerichtet, auf dem gute Argumente, gesetzliche Grundlagen, Instrumente, Statistik und gute Beispiele dargestellt werden.

Wesentlich weiter sind in diesem Bereich andere Bundesländer. Insbesondere Baden-Württemberg, aber auch Bayern haben eigene Strategien zur Reduzierung des Flächenverbrauchs und flankieren dies mit gut gemachten Informations- und Öffentlichkeitskampagnen (z.B. Flächen Gewinnen - Baden-Württemberg; Baulücken, das unterschätzte Potenzial der Innenentwicklung - Baden Württemberg und Bayern gemeinsam).

Abb. 5: Werben für Innenentwicklung in Baden-Württemberg (Quelle: Umweltministerium Baden-Württemberg 2009)

Regionalplanerische Handlungsansätze in der Region Hannover

Das Regionale Raumordnungsprogramm 2005 (RROP 2005) ist das siebte Regionale Raumordnungsprogramm für den Großraum Hannover. Es liegt in der Kontinuität der Vorgängerprogramme, setzt aber zugleich auch neue Akzente. Wie bisher sind als „lange Linien" vor allem die Orientierung der Siedlungsentwicklung auf Schienen erschlossene Standorte (Leitbild der Einheit von Siedlung und Verkehr), die Sicherung regional bedeutender und der Erhalt wohnungsnaher Frei- und Erholungsräume, der Schutz von Natur und Landschaft vor Zersiedelung sowie die Auslastung und Sicherung regionaler Infrastrukturen wichtige Planungsleitlinien. Ebenso gelten Grundsätze wie die Reduzierung des Flächenverbrauchs, dem Vorrang der Innentwicklung und des Brachflächenrecyclings vor Außenentwicklung, der polyzentrischen Siedlungsstruktur mit zentralen Orten, dezentraler Konzentration und Nutzungsmischung fort. Das Leitbild der Einheit von Siedlung und Verkehr ist somit wesentlicher Orientierungsrahmen für die räumliche Entwicklung der Region Hannover seit rund vier Jahrzehnten.

Nachhaltiges Flächenmanagement – Flächensparen, aber wie? 21

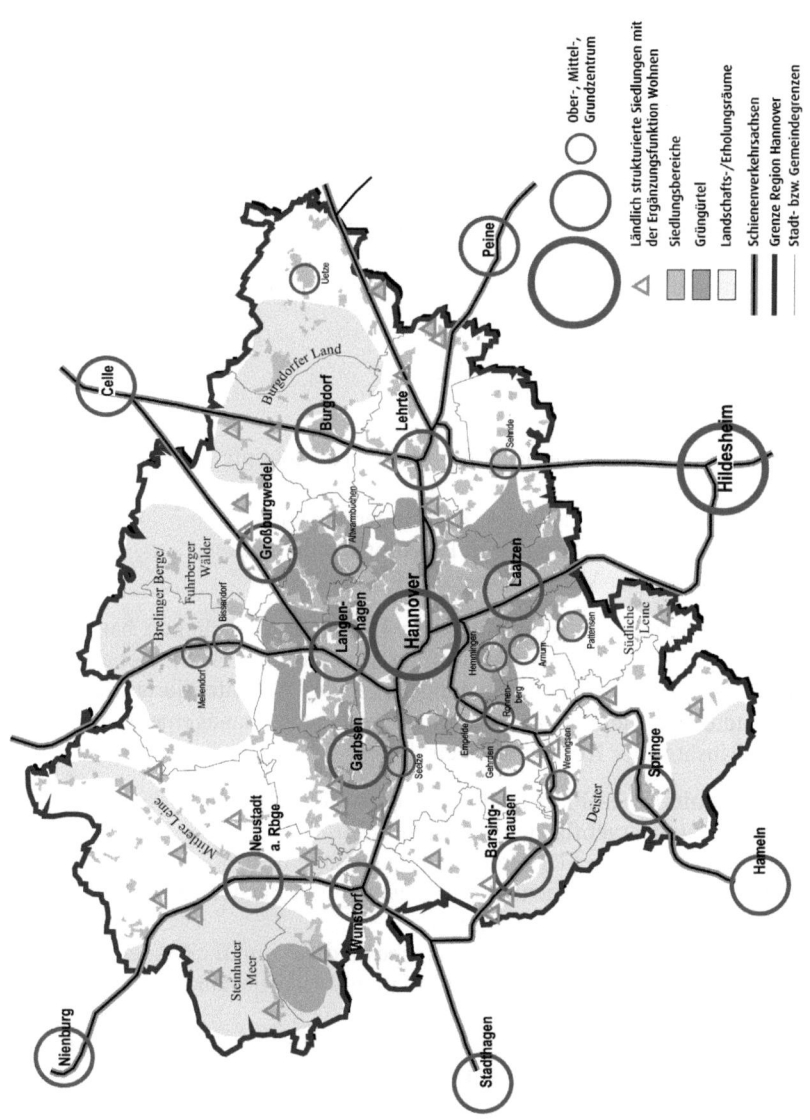

Abb. 6: Leitbild der Siedlungsentwicklung in der Region Hannover (Quelle: Region Hannover 2006)

Auch mit weiteren, über die Jahre entwickelten Inhalten des RROP steuert die Regionalplanung Siedlungsentwicklung und Flächenverbrauch. So existiert seit

2001 ein in das formelle RROP integriertes regionales Einzelhandelskonzept, das über die Definition u. a. von zentralörtlichen Standortbereichen und herausgehobenen Nahversorgungsstandorten eine Flächensteuerung für großflächigen Einzelhandel vornimmt (KGH 2001). Seit 2005 ist zudem eine Regelung zur Eigenentwicklung ländlich strukturierter Siedlungen in das RROP integriert, die vorsieht, dass Orte ohne eigene Infrastrukturausstattung in ihrer Siedlungsentwicklung auf Eigenentwicklung (max. 5 bzw. 7% zusätzliche Flächeninanspruchnahme) begrenzt sind (Region Hannover 2009).

Flächenmanagement als kommunale Aufgabe

Das kommunale Flächenmanagement der Städte und Gemeinden erstreckt sich auf folgende Handlungsfelder:

- Flächenentwicklung und -sicherung,
- Bodenordnung,
- Erschließung,
- Mobilisierung/Verfügbarmachung für die beabsichtigte Nutzung,
- Bodenvorratspolitik,
- Beeinflussung von Bodenmarkt und Bodenpreisen,
- Mitwirkung bei der Klärung von Eigentumsverhältnissen,
- Mitwirkung bei der Vermarktung von Flächen.

Mit dem Flächennutzungsplan und dem Bebauungsplan liegen bauleitplanerische Instrumente vor, die ergänzt werden können um z. B. Städtebauliche Verträge und Integrierte Stadtentwicklungskonzepte. Als integriertes Konzept auf Gesamtstadtebene bietet sich ein Masterplan Flächenmanagement an. Konkrete Handlungsansätze der Kommunen betreffen:

- ein kontinuierliches Flächenmonitoring, welches Potenzialflächen, insb. aus Baulücken und Brachflächen, einschließt,
- darauf aufbauend ein Flächenressourcenmanagement,
- Förderung der Wiedernutzung von Brachen und flächensparender Bauweisen durch Städtebaurecht und -förderung,
- Stärkung der Innenentwicklung, insbesondere durch Wiedernutzung von Brachflächen, durch Nutzung leer gefallener Bausubstanz sowie durch angemessene Nachverdichtung und
- verbesserte Informationen und bewusstseinsbildende Maßnahmen (z. B. Folgekostenrechner zu Kosten der Außenentwicklung).

Nachhaltiges Flächenmanagement – Flächensparen, aber wie? 23

Abb. 7: Baulücken – das unterschätzte Potenzial der Innenentwicklung (Quelle: Umweltministerium Baden-Württemberg und Bayerisches Staatsministerium für Umwelt und Gesundheit 2008)

Innenentwicklung vor Außenentwicklung

Mit Innenentwicklung vor Außenentwicklung ist die Nutzung von Flächenreserven im Innenbereich der Städte und Gemeinden beschrieben (Flächenrecycling); z. B. von:

- Baulücken
- Untergenutzten Grundstücken (zweite Reihe)
- Brachflächen
- Konversionsflächen (Militär)
- ehem. Gewerbe- und Industrieflächen etc.
- Handelsbrachen.

Bundesweit sind ca. 170.000 ha Flächenpotenziale vorhanden – und damit das 15fache der jährlichen Zunahme an Gebäude- und dazugehörigen Freiflächen.

Die Wiedernutzung von Brachflächen steigt an. Dennoch ist das Flächenrecycling oftmals mit hohen Kosten (z.B. durch Altlasten) und erhöhtem Aufwand (z.B. Eigentümeransprache) verbunden.

Flächenrecycling braucht Unterstützung, u.a. durch:

- Bewusstseinsbildung (Öffentlichkeit, Politik, Eigentümer)
- Kostentransparenz
- Flächenaktivierung.

Bewährt haben sich die 4 Schritte zur erfolgreichen Innenentwicklung:
1. Vorteile der Innenentwicklung erkennen (z.B. Kosteneinsparung)
2. Erfassung der Innenentwicklungspotenziale (Baulücken- und Brachflächenkataster)
3. Kommunaler Grundsatzbeschluss (Innen- vor Außenentwicklung)
4. Aktivierungsmaßnahmen (z.B. Eigentümeransprache)

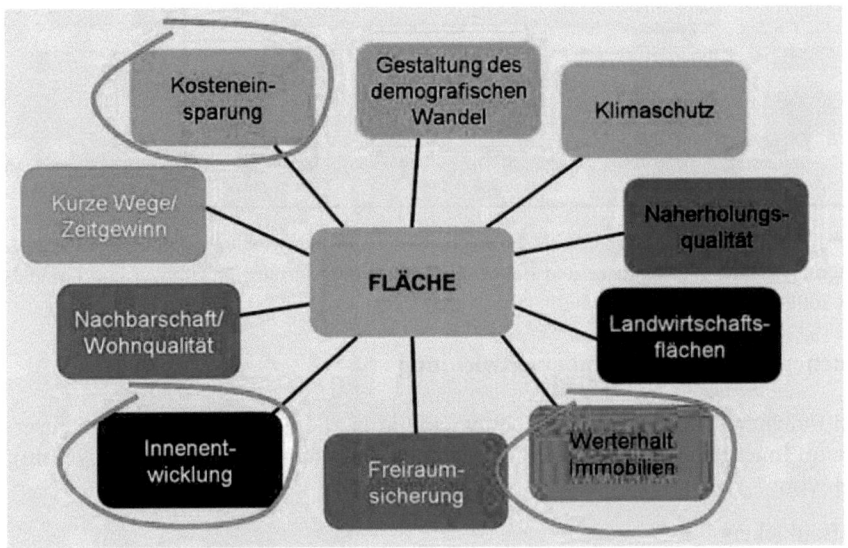

Abb. 8: Kernbotschaft: Fläche (Quelle: Bock et al. 2011)

Bei der Eigentümeransprache ist eine gezielte Ansprache der Grundstückseigentümer von Baulücken oder Brachflächen erforderlich zur Aktivierung – begleitet durch eine intensive Öffentlichkeitsarbeit. Pilotprojekte zeigen eine Verkaufsbereitschaft bei bis zu einem Viertel der Eigentümer. Die Kombination mit einer Bauland- oder Baulückenbörse ist sinnvoll.

Auch interkommunale Kooperationen gegen Flächenverbrauch haben sich bewährt. Die Allianz zum nachhaltigen Flächenmanagement Region Freiburg z. b. hat gemeinsame Standards der Siedlungsflächenentwicklung entwickelt, vorhandene Innenentwicklungspotenziale erfasst, einen gemeinsamen Qualitäts-Check angewandt und eine Erfolgsbilanzierung (Monitoring) der Innenentwicklung vorgenommen – ergänzt um eine regionale Baulückenbörse.

Zwischennutzungen und ökonomische Instrumente

Mit Zwischennutzungen wird vielerorts versucht, außerhalb einer marktgängigen Verwertung von Grundstücken auf Zeit Flächennutzungen zu ermöglichen oder anzuregen. Zwischennutzungen sind temporäre Nutzungen von Brachflächen, Räumen und Gebäuden vor einer ökonomisch tragfähigen Wiedernutzung. Sinnvoll ist die aktive Unterstützung durch die Verwaltung (Bsp.: Amt für Stadterneuerung und Wohnungsbauförderung (ASW) Leipzig) oder durch eine Agentur (Bsp.: ZwischenZeitZentrale Bremen). Zwischennutzungen können künstlerischer, kultureller oder sportlicher Natur sein. Auch für erneuerbare Energien ergeben sich Nutzungsmöglichkeiten – z. b. auf für zukünftigen Bodenabbau reservierten Flächen.

Um zu einer stärkeren Aktivierung von Innenentwicklungspotenzialen zu kommen, werden vermehrt auch wieder ökonomische Instrumente diskutiert. Die Diskussion umfasst u. a. eine Bodenvorratspolitik mit revolvierenden Fonds oder Baulandausweisungs – Umlageverfahren, handelbare Flächenausweisungsrechte, eine Bodenversiegelungsabgabe oder auch eine Rückbauhaftpflicht.

5 Renaissance der Stadt – Chance zur Reduzierung des Flächenverbrauches

Der Trend „Zurück in die Stadt" ist mittlerweile nicht mehr zu übersehen. Neben die weiter stattfindende Suburbanisierung tritt die Reurbanisierung – zurück in die Städte und zentralen Bereiche. Kernstädte werden wieder attraktiv als Wohnstandort – und das nicht nur in Großstädten, sondern auch in Klein- und Mittelstädten. Die Vielfalt des städtischen Lebens und der kulturellen Angebote spielen dabei ebenso eine Rolle wie die zunehmenden Mobilitätskosten und die im Zuge des Demografischen Wandels vermehrt nachgefragte Nähe zu Versorgungs- und Infrastruktureinrichtungen.

Diese Renaissance der Stadt bietet eine Chance zur Reduzierung des Flächenverbrauches durch kompakte Wohn- und Siedlungsformen innerhalb der bereits besiedelten Bereiche. Sie ist eine Chance, Einwohnergewinne anders als durch Baulandausweisung am Ortsrand zu generieren und eine Chance, über die Qualitäten unser Städte und zentralen Orte zu diskutieren und daraus ein Zukunftsbild von lebendigen, urbanen, vielfältigen, grünen und nachhaltigen Städten, Gemeinden und (Stadt-)Regionen zu entwerfen. Ergänzt um und verknüpft mit weiteren Themen (Folgekosten, Klimaschutz, Effizienz, Attraktivität der einzelnen Folgenutzungen, Qualitätserhalt (z.B. Erhalt der Kulturlandschaft im Umfeld) wird das Thema Reduzierung des Flächenverbrauches dann auch, über den planerischen Bereich hinaus, gesellschafts- und politikfähig.

Flächensparen – Urbanität gewinnen

In der Verknüpfung mehrerer aktueller Entwicklungslinien und Erkenntnisse liegt eine Chance für ein verbessertes und nachhaltiges Flächenmanagement:

- Demographischer Wandel (Kurze Wege, Nutzungsmischung, Infrastrukturauslastung)
- Wohnungsmarkt und Siedlungsentwicklung (Renaissance der Städte, neue Wohnformen, Folgekosten/Wirtschaftlichkeit)
- Regionale und kommunale Klimaschutzaktivitäten (Freiraum- und Ressourcenschutz, Effizienz)
- Lebens- und Standortqualität (Urbanität, Grüne Stadt und Region).

Ob das 30 ha-Ziel dabei erreicht wird, ist zweitrangig. Wichtiger ist der Gewinn aus der Debatte, die aus der Reurbanisierung entsteht. Urbane Qualitäten der Städte und Stadtregionen stehen wieder stärker im Vordergrund. Und wie bei so vielen Strategien ist das Herausstellen der Vorteile gewinnbringender als der Appell an Verzicht und Zurückhaltung. Deshalb: mehr Lebens- und Standortqualität in Stadt und Region, mehr Urbanität und Grün durch nachhaltiges Flächenmanagement.

Literatur

Bock, S.; Hinzen, A.; Libbe, J. (Hrsg.): Nachhaltiges Flächenmanagement – Ein Handbuch für die Praxis. Ergebnisse aus der REFINA-Forschung. Berlin 2011.

BBSR - Bundesinstitut für Bau-, Stadt- und Raumforschung (2011): Auf dem Weg, aber noch nicht am Ziel – Trends der Siedlungsflächenentwicklung. = BBSR - Berichte Kompakt 10/2011. Bonn.

BBSR – Bundesinstitut für Bau-, Stadt- und Raumforschung (2012): Trends der Siedlungsflächenentwicklung. Status Quo und Projektion 2030. = BBSR - Analysen - Kompakt 9/2012. Bonn.

BMVBS – Bundesministerium für Verkehr, Bau und Stadtentwicklung (Hrsg.): Einflussfaktoren der Neuinanspruchnahme von Flächen, Forschungen Heft 139, Bonn 2009
BMVBS: Chancen des ÖPNV in Zeiten einer Renaissance der Städte. BMVBS - Online - Publikation Nr. 1/2012
Bundesregierung (Hrsg.): Fortschrittsbericht 2008 zur nationalen Nachhaltigkeitsstrategie. Für ein nachhaltiges Deutschland, Berlin 2008
Forum zur Stadt- und Regionalplanung im Erweiterten Wirtschaftsraum Hannover (Hrsg.) (2010): Auswirkungen von Siedlungsentwicklung und demographischem Wandel auf Auslastung und Kosten von Infrastrukturen. Hannover.
Klemme, M./Selle, K. (Hrsg.): Siedlungsflächen entwickeln. Akteure. Interdependenzen. Optionen. Detmold 2010
KGH – Kommunalverband Großraum Hannover (2001): Regionales Einzelhandelskonzept für den Großraum Hannover – Verbindliche Festlegung. = Beiträge zur regionalen Entwicklung 95. Hannover.
MKRO – Ministerkonferenz für Raumordnung (2010): Flächensparen als Aufgabe der Raumordnung. Beschluss der 37. MKRO am 19. Mai 2010 in Berlin.
http://www.bmvbs.de/cae/servlet/contentblob/58510/publicationFile/29423/ministerkonferenz-mkro-2010-beschluss-4.pdf (26.02.2013).
Niedersächsisches Ministerium für Ernährung, Landwirtschaft, Verbraucherschutz und Landesentwicklung (2008): Landes-Raumordnungsprogramm Niedersachsen 2008. Hannover.
Region Hannover (2009): Steuerung der Eigenentwicklung in ländlichen Siedlungen. Baustein einer nachhaltigen Flächenhaushaltspolitik in der Region Hannover. = Beiträge zur regionalen Entwicklung, Heft 123. Hannover.
Region Hannover (2006): Regionales Raumordnungsprogramm 2005. Hannover
Umweltministerium Baden-Württemberg (2009): Bausteine erfolgreicher Innenentwicklung. Empfehlungen aus der kommunalen Praxis. Stuttgart.
Umweltministerium Baden-Württemberg und Bayerisches Staatsministerium für Umwelt und Gesundheit (Hrsg.) (2008): Kleine Lücken - Große Wirkung. Baulücken, das unterschätzte Potenzial der Innenentwicklung. Stuttgart, München.

Irene Dahlmann

Zukunft Fläche Niedersachsen
- Eine Strategie zum Flächen sparen -

Inhalt

1 Rechtliche Rahmenbedingungen
2 6. Regierungskommission „Energie- und Ressourceneffizienz"
3 Ausgangslage und Entwicklungstrends zum Flächenverbrauch in Niedersachsen
4 Demografische Entwicklung
5 Instrumente und Handlungsempfehlungen zur Reduzierung des Flächenverbrauchs
6 Umsetzung der Empfehlungen

Einleitung

Die Reduzierung des Flächenverbrauchs in Niedersachsen gehört zu den zentralen politischen Herausforderungen der niedersächsischen Landesregierung. Da viele Städte und Gemeinden über Baulücken, Brachflächen und Gebäudeleerstände verfügen, sollte eine zukunftsorientierte und nachhaltige Siedlungsentwicklung aus dem Siedlungsbestand konsequent umgesetzt werden. Die niedersächsische Landesregierung hält daher an dem Ziel der Nachhaltigkeitsstrategie, die Inanspruchnahme neuer Flächen für Siedlungs- und Verkehrszwecke in Niedersachsen zu senken, weiterhin fest.

1 Rechtliche Rahmenbedingungen

Die administrative Verantwortung für konkrete Flächenausweisungen liegt nicht beim Bund und den Ländern, sondern – aufgrund der verfassungsrechtlich garantierten Selbstverwaltung – überwiegend bei den Städten und Gemeinden. Um zu gewährleisten, dass die Bauleitplanung mit den Vorgaben der Regional- und Landesplanung korrespondiert, ist die Bauleitplanung den Zielen der Raumordnung anzupassen (§ 1 Abs. 4 BauGB). Ziele zur Begrenzung des Flächenverbrauchs sind im Landesraumordnungsprogramm Niedersachsen 2008 enthalten (vgl. Niedersächsisches Ministerium für Ernährung, Landwirtschaft, Verbraucherschutz und Landesentwicklung 2008). Danach ist die weitere Inanspruchnahme von Freiräumen für die Siedlungsentwicklung, den Ausbau von Verkehrswegen und sonstigen Infrastruktureinrichtungen zu minimieren. Darüber hinaus werden flächenbeanspruchende Maßnahmen dem Grundsatz des sparsamen Umgangs mit Grund und Boden verpflichtet. Dabei sollen Möglichkeiten der Innenentwicklung und der Wiedernutzung brachgefallener Industrie-, Gewerbe- und Militärstandorte genutzt werden. Das bedeutet, dass Freiräume nur in dem unbedingt notwendigen Umfang für Bebauung jeglicher Art in Anspruch genommen werden sollten. Die nachgeordneten Planungsebenen (Regional- und Bauleitplanung) haben den Auftrag und die Verantwortung, die instrumentellen Möglichkeiten zur Verminderung des Flächenverbrauchs wirksam auszuschöpfen. Für die kommunale Bauleitplanung ergeben sich ähnliche Pflichten aus § 1a Abs. 2 BauGB.

Zur Verminderung des Flächenverbrauchs setzt die Landesregierung auf eine integrative Strategie, in die alle berührten Akteure einbezogen werden. Sie sieht ihre Aufgabe insbesondere in der aktiven Unterstützung der Kommunen bei einer Flächenpolitik, die mit unbebautem Ackerland sparsam umgeht und stärker als bisher auf die Innenentwicklung ausgerichtet ist.

2 6. Regierungskommission „Energie- und Ressourceneffizienz"

Zur Umsetzung aktueller Fragen des Umweltschutzes hat die niedersächsische Landesregierung seit 1988 insgesamt sechs Regierungskommissionen eingesetzt. Die 6. Regierungskommission wurde im August 2007 eingerichtet. Sie hat die Landesregierung zu Fragen der Energie- und Ressourceneffizienz beraten und Empfehlungen für Politik und Wirtschaft erarbeitet. In verschiedenen Arbeitskreisen wurden aktuelle Fragen zur europäischen Chemikalienpolitik, zur Produktverantwortung, zum Emissionsrechtehandel und zur Reduzierung des Flächenverbrauchs diskutiert und dadurch eine Mitgestaltung im Vorfeld politischer Entscheidungen ermöglicht. Alle Empfehlungen wurden einvernehmlich verabschiedet und dokumentieren somit den gesellschaftlichen Konsens. Die 6.

Regierungskommission hat ihre Empfehlungen im Dezember 2011 der niedersächsischen Landesregierung übergeben.

Arbeitskreis Flächenverbrauch und Bodenschutz

Die Reduzierung des Flächenverbrauchs ist ein komplexes Ziel, das viele Akteure anspricht und betrifft. Die große Herausforderung liegt darin, diese vielen verschiedenen Akteure und Interessen zusammenzubringen und das Selbstverwaltungsrecht der Kommunen mit im Blick zu behalten. Dies ist nur zu erreichen, wenn alle wichtigen Beteiligten – Land, Kommunen, Wirtschaft und Verbände – sich dieser Herausforderung gemeinsam stellen. Im Rahmen der 6. Regierungskommission „Energie- und Ressourceneffizienz" hat der Arbeitskreis „Flächenverbrauch und Bodenschutz" mit Vertretern der

- Kommunen und kommunalen Spitzenverbände,
- Wirtschaft,
- Umweltverbände,
- Gewerkschaften,
- Wissenschaft und der
- Verwaltung (Niedersächsisches Ministerium für Wirtschaft, Arbeit und Verkehr; Niedersächsisches Ministerium für den ländlichen Raum, Ernährung und Verbraucherschutz; Niedersächsisches Ministerium für Soziales, Frauen, Familie, Gesundheit und Integration; Niedersächsisches Ministerium für Umwelt, Energie und Klimaschutz)

Empfehlungen zur Reduzierung des Flächenverbrauchs erarbeitet. Auf dieser Grundlage werden die weiteren Maßnahmen des Landes insbesondere darauf ausgerichtet sein, die eigenen Aktivitäten optimaler miteinander zu verzahnen und die Kommunen gezielt dabei zu unterstützen, ihre Entwicklungspotenziale im Innenbereich zu nutzen. Die Ergebnisse und Empfehlungen des Arbeitskreises wurden in einem Abschlussbericht dokumentiert (vgl. Niedersächsisches Ministerium für Umwelt, Energie und Klimaschutz 2011). Auszüge dieses Berichts werden im Folgenden vorgestellt.

3 Ausgangslage und Entwicklungstrends zum Flächenverbrauch in Niedersachsen

Gut 13 Prozent des niedersächsischen Bodens sind Siedlungs- und Verkehrsflächen. Obwohl die Bevölkerung in großen Teilen Niedersachsens rückläufig ist, wachsen diese Flächen immer noch täglich um 8 ha (Stand 2010) an – dies entspricht der Größe von etwa 11 Fußballfeldern. In Deutschland kommen auf 100.000 Einwohner jährlich etwa 50 zusätzlich umgewandelte Hektar. In Großbritannien – einem Land, das eine ähnliche wirtschaftliche Dynamik aufweist wie Deutschland – sind es nur 15 Hektar.

Die Folgen sind vielfältig. Ehemals freie Wiesen und Äcker werden versiegelt und zerschnitten, Ortskerne veröden, der Verkehr nimmt zu, die Siedlungsdichte nimmt ab, die Fixkosten für die Instandhaltung der Infrastruktur wie Straßen, Energie- und Wasserversorgung steigen. Es ist daher eine Flächenpolitik erforderlich, die mit Boden und Fläche sparsam umgeht und stärker als bisher auf die Bestands- respektive Innenentwicklung ausgerichtet ist.

4 Demografische Entwicklung

Die demografische Entwicklung hat erhebliche Auswirkungen auf die Entwicklung insbesondere der ländlichen Regionen, Städte und Gemeinden in Niedersachsen. Geringe Geburtenraten und die steigende Lebenserwartung, einhergehend mit einer Alterung der Bevölkerung, das Wanderungsgeschehen sowie eine wachsende kulturelle und ethnische Vielfalt der Gesellschaft berührt in hohem Maße auch die Siedlungsentwicklung. Die Einwohnerzahl wird in den kommenden 50 Jahren von heute knapp 8 Millionen auf voraussichtlich 6,2 Millionen Menschen zurückgehen. Bereits in den kommenden 10 Jahren wird die für die Familiengründung und den Immobilienerwerb relevante Altergruppe der 30-45 Jährigen viel schwächer besetzt sein als heute. Gleichzeitig wird die Gruppe der 60 bis unter 75 Jährigen sehr stark anwachsen, die besonders zur Bildung kleiner Haushalte beiträgt. Jedoch verläuft die Bevölkerungsentwicklung auf regionaler und örtlicher Ebene unterschiedlich. Insgesamt reicht die Bandbreite der Bevölkerungsentwicklung bis 2030 unter den niedersächsischen Städten und Landkreisen von Zuwächsen in Höhe von sechs Prozent im Landkreis Vechta bis zu Bevölkerungsrückgängen um 27 Prozent im Landkreis Holzminden (NBank 2010). Für die Gebiete mit Rückgang oder Stagnation der Bevölkerung sind Probleme für den Bestand und die Entwicklung von Siedlungs- und Gewerbestrukturen in den Dörfern und Städten kennzeichnend. Bestehende und drohende Leerstände betreffen besonders die Kernlagen der Dörfer, Klein- und Mittelstädte sowie die Siedlungserweiterungen der 1950er und 1960er Jahre.

Bisher setzen sich jedoch erst relativ wenige, aber eine wachsende Anzahl von Städten und Gemeinden in Niedersachsen, offensiv mit den Anforderungen an eine zukunftsfähige Siedlungsflächenpolitik auseinander. Gemäß der Wohnbaulandumfrage 2010 (ebd.) betreiben 60 Städte und Gemeinden ein Bauflächenmanagement, weitere sechs bereiten entsprechende Instrumente vor. In zwei Drittel dieser 66 Kommunen kommt dabei ein flächendeckendes System zur Erfassung der Baulücken zum Einsatz. In der Summe sind die Aktivitäten allerdings unzureichend; fast 85 Prozent aller Städte und Gemeinden praktizieren überhaupt keine Form von Flächenmanagement und nur 10 Prozent setzen Instrumente ein, die ihnen ein umfassendes Bild über ihre Baulandreserven und Potenziale liefern können. Andererseits ist die Zahl der Städte und Gemeinden, die überhaupt eine Form von Flächenmanagement betreiben, gegenüber 2007 um ein Drittel gestiegen.

5 Instrumente und Handlungsempfehlungen zur Reduzierung des Flächenverbrauchs

Basierend auf einer Vielzahl von Projekterfahrungen der letzten Jahre nicht nur in Niedersachsen, sondern auch in anderen Bundesländern, hat der Arbeitskreis „Flächenverbrauch und Bodenschutz" ein Bündel verschiedener Maßnahmen zu folgenden Handlungsfeldern erarbeitet:

- Flächeninformationen
- Förderinstrumente
- Ökonomische Instrumente
- Planerische/kooperative Instrumente
- Kommunikation

Auf dieser Grundlage wurden sowohl rechtliche Maßnahmen, wie z.B. verbindliche Vorgaben im Bau- und Raumordnungsrecht, Einführung von handelbaren Flächenausweisungsrechten und Modifikationen der Grundsteuer diskutiert als auch freiwillige und unterstützende Maßnahmen, wie z.B. Erhöhung des Umsetzungsgrades und der Wirksamkeit vorhandener Planungsinstrumente, zielgerichtete finanzielle Unterstützung durch das Land und kommunikative Strategien. Einvernehmliche Empfehlungen konnten insbesondere im Bereich dieser freiwilligen und unterstützenden Leistungen verabschiedet werden. Die Empfehlungen wurden vollständig im Abschlussbericht des Arbeitskreises dokumentiert (vgl. Niedersächsisches Ministerium für Umwelt, Energie und Klimaschutz 2011).

Flächeninformationen

Für eine nachhaltige Siedlungsentwicklung sind belastbare Informationen über vorhandene Flächenreserven im Bestand eine fundamentale und unerlässliche Voraussetzung. Dies beinhaltet insbesondere die vollständige Erfassung vorrangig innerörtlicher Entwicklungspotenziale, ihre Berücksichtigung bei Planungsmaßnahmen und ihre kontinuierliche Fortschreibung. Der Arbeitskreis hat daher den Städten und Gemeinden empfohlen, die Baulandpotenziale des tatsächlich bebauten Bereichs (Brachflächen, Baulücken, Althofstellen, wenig genutzte Grundstücke, ggf. Leerstände) flächendeckend zu erfassen. Das Land wurde aufgefordert, die Städte und Gemeinden bei der Erfassung des Bestandes an Flächenreserven sowie der Erhebung zusätzlicher Informationen für die Erstellung von Entwicklungs- und Planungskonzepten durch seine Förderprogramme finanziell zu unterstützen.

Förderinstrumente

Ohne entsprechende öffentliche Förderung ist das Ziel, den Flächenverbrauch zu reduzieren, nicht zu erreichen. Die Förderprogramme des Landes (z.B. Städtebauförderung, Agrarförderung, Strukturförderung) wurden hinsichtlich ihrer Auswirkungen auf den Flächenverbrauch bewertet. Eine Gesamtschau der untersuchten Programme ist im Endbericht des Arbeitskreises enthalten. Obwohl viele der geprüften Programme nicht explizit zur Reduzierung des Flächenverbrauchs konzipiert wurden, bestehen doch schon jetzt etliche Potenziale, eine Innenentwicklung von Ortschaften zu unterstützen. Durch einige Anpassungen könnten die Förderangebote allerdings noch wesentlich besser auf das Ziel des Flächensparens ausgerichtet werden. Dies betrifft z.B. die Förderung zur Erfassung von Baulandpotenzialen, zur Erstellung von Nachnutzungskonzepten von Brachflächen und die Förderung von Rückbau- und Abbruchmaßnahmen.

Flächenrecycling

Ein wesentlicher Baustein zur Reduzierung des Flächenverbrauchs besteht darin, aufgegebene Baugrundstücke/Industriebrachen wieder nutzbar zu machen, auch wenn dort eine Bodenverunreinigung vorliegt oder vermutet wird. Das Land unterstützt solche Projekte über die Brachflächen- und Altlasten-Förderrichtlinie in den problematischen Fällen, in denen kein Verantwortlicher mehr für die Sanierung herangezogen werden kann. In diesem Zusammenhang ist auch die Aufgabe der unteren Bodenschutzbehörden bedeutsam, bei einem Altlastenverdacht eine erste Untersuchung durchzuführen und den Handlungsbedarf zu klären. Hier sind noch erhebliche Anstrengungen erforderlich.

Das Flächenrecycling von industriellen, gewerblichen und militärischen Brachflächen ist eine bereits an vielen Beispielen erfolgreich durchgeführte Maßnahme zur Verminderung des Flächenverbrauchs und zur Erhaltung lebendiger Ortsmitten. Allerdings zeigt sich eine Diskrepanz zwischen den bestehenden innerörtlichen Potenzialen an Brachflächen und deren begrenzter Nutzung, denn das Flächenrecycling ist bei einem bestehenden Altlastenverdacht generell mit einem höheren Aufwand verbunden als die Bereitstellung von Bauland auf der „grünen Wiese".

Der Arbeitskreis hat daher insbesondere Empfehlungen erarbeitet, wie Altlastenprobleme grundsätzlich vermieden werden können, das Planungs- und Prozessmanagement zur Wiedernutzung der Brachflächen verbessert werden kann und die nach einer Sanierung einer Fläche verbleibenden Risiken für Investoren minimiert werden können.

Planung und Kooperation

Die Kommunen treffen in der Stadtentwicklung und in der Bauleitplanung die wesentlichen Entscheidungen über die Flächennutzung auf ihrem Gebiet. Daher ist es besonders wichtig, die Kommunen zu informieren und sie bei ihrer Strategie der Stärkung der Innenentwicklung zu unterstützen. Eine nachhaltige Reduzierung des Flächenverbrauchs setzt daher ein Zusammenwirken des Landes mit den Städten, Gemeinden und Landkreisen voraus.

Grundsätzlich sind die bislang vor allem auf Zuwachs ausgerichteten Strategien und Instrumente deshalb stärker auf Modernisierungs-, Umbau- und Rückbauprozesse und damit einhergehende Umstrukturierungen, auf Bestandsmanagement und die Anpassung an rückläufige Bedarfe auszurichten. Der Innenentwicklung ist grundsätzlich Vorrang vor der Erschließung neuer Flächen zu geben. Öffentliche Infrastrukturvorhaben sollten bereits im Vorfeld auf ihre Demografiefestigkeit und nachhaltige Wirkung überprüft werden, damit absehbare spätere Anpassungsmaßnahmen vermieden werden können.

Die Empfehlungen des Arbeitskreises beziehen sich im Wesentlichen auf folgende Aspekte:

- Unterstützungsleistungen des Landes für die Kommunen hinsichtlich Datenbereitstellung auf verschiedenen Ebenen (z.B. Demografie, Infrastrukturfolgekosten), um die Informationsgrundlagen für planungsrelevante Entscheidungen zur Siedlungsentwicklung zu vervollständigen,
- Stärkung der Steuerungswirkung der Regionalplanung durch die Träger der Regionalplanung im Hinblick auf die Reduzierung des Flächenverbrauchs und die Nutzung von Innenentwicklungspotenzialen und
- Hinweis an die Städte und Gemeinden, wie im Rahmen der Siedlungsentwicklung die Innenpotenziale besser zu nutzen sind.

Kommunikation

Fehlendes Wissen über die Folgen des Flächenverbrauchs und die Bodendegradierung dürfte ein Grund sowohl für die mangelnde Ausschöpfung der rechtlichen Möglichkeiten durch die Planungsträger als auch für den Umstand sein, dass eine flächensparende und schonende Siedlungspolitik bisher wenig Unterstützung in der Bevölkerung findet.

Eine Informationskampagne (z.B. Fachtagungen, Gute-Praxis-Beispiele, Internetangebot), die sich gezielt an die Akteure richtet, die auf lokaler und regionaler Ebene für flächenwirksame Entscheidungen zuständig sind, ist daher ein zentraler Baustein bei der Reduzierung des Flächenverbrauchs. Im Rahmen dieser Kampagne soll deutlich gemacht werden, dass Flächensparen nicht eine Einschränkung der Siedlungsentwicklung bedeutet, sondern dass flächensparende Siedlungspolitik Gewinne für die jeweilige Kommune verspricht (z.B. Einsparung von Kosten, fortschrittliches Image, attraktive Naherholung, kurze Wege zu Infrastruktureinrichtungen, Erhaltung lebendiger Ortskerne).

Der Arbeitskreis hat daher dem Land empfohlen, „Flächen sparen" zur Chefsache zu erklären und eine breit angelegte Informationskampagne durchzuführen, die die positiven Aspekte der Innenentwicklung verbreitet und einen intensiven Erfahrungsaustausch aller Beteiligten ermöglicht.

Ökonomische Instrumente

Eine der wesentlichen Ursachen des Flächenverbrauchs ist die Tendenz, neue Bauprojekte eher in der Peripherie von Städten oder in Randbereichen von städtischen oder ländlichen Regionen anzusiedeln als in den Siedlungskernen. Es ist oft wesentlich einfacher für eine Gemeinde, neue Bauflächen „auf der grünen Wiese" zu planen, als sich mit Themen wie der Nachnutzung von Brachflächen oder dem Schließen von Baulücken auseinanderzusetzen. Neben den Bestrebungen Flächennutzungen zu entmischen, spielen dabei wahrscheinlich die Grundstückspreise eine erhebliche Rolle. Daher könnte es sinnvoll sein, mit Preismechanismen die Nachfrage nach Flächen zu beeinflussen (z.B. Versiegelungsabgabe, handelbare Flächenausweisungsrechte). Aufgrund unterschiedlicher Auffassungen der Vertreter der Wirtschaftsverbände und der Umweltverbände konnte in diesem Handlungsfeld nur ein geringer Konsens erzielt werden. Dieser Konsens bezieht sich auf Maßnahmen, mit denen bestimmte ökonomische Instrumente erprobt und untersucht werden sollen. Es soll z.B. geklärt werden, ob durch eine Reform der Grundsteuer eine Lenkungswirkung der Flächenentwicklung erreicht werden kann. Gleichzeitig ist zu ermitteln, inwieweit evtl. negative Effekte für die Wirtschaft auftreten und wie diese ggf. vermieden werden können.

6 Umsetzung der Empfehlungen

Einige Empfehlungen des Arbeitskreises wurden von der Landesregierung bereits aufgegriffen und umgesetzt.

Koordinierungskreis Fläche

Die oben dargestellten Handlungsfelder stellen jeweils einzelne Bausteine einer Gesamtstrategie dar, die nur gemeinsam deutliche Fortschritte versprechen. Es ist daher erforderlich, die verschiedenen Handlungsansätze der betroffenen Ressorts der Landesregierung in geeigneter Weise zu verknüpfen. Nach Abschluss der Regierungskommission wurde ein Koordinierungskreis „Zukunft Fläche" eingerichtet, in dem die im Arbeitskreis beteiligten Ressorts auch weiterhin zusammenarbeiten. In diesem Koordinierungskreis soll die begonnene Zusammenarbeit zwischen den verschiedenen beteiligten Ressorts der Landesregierung fortgesetzt werden. Auf diese Weise können zukünftige Maßnahmen des Landes zum Thema „Flächen sparen" wie bisher ressortübergreifend optimal miteinander verzahnt werden.

Internetportal zum Thema Fläche

Das Internetportal „Zukunft Fläche Niedersachsen (www.zukunftflaeche.niedersachsen.de) bietet Informationen zu Argumenten, Fakten und gelungenen Beispielen für eine flächenschonende Siedlungsplanung und -entwicklung. Das Informationsangebot ist in erster Linie als Service für die Kommunen gedacht. Zielgruppen sind jedoch auch die interessierte Öffentlichkeit, Verbände, Projektentwickler, Politik etc.

Dorferneuerung

Die Innenentwicklung ist eindeutig ein Beitrag zum sparsamen Umgang mit Grund und Boden sowie zur nachhaltig wirtschaftlichen Nutzung kommunaler Infrastruktureinrichtungen. Gemeinden, die zukünftig die Aufnahme in die Dorferneuerungsförderung beantragen, müssen sich klar zur Innenentwicklung der Dörfer und zur flächensparenden Dorfentwicklungspolitik bekennen.

Baulückenkataster

Im Rahmen des Modellprojekts „Umbau statt Zuwachs – regional abgestimmte Siedlungsentwicklung von Kommunen im Bereich der Regionalen Entwicklungskooperation Weserberglandplus " (MUZ) wurde ein webbasiertes Informationssystem (Baulücken- und Leerstandskataster) entwickelt und von einigen Gemeinden schon erfolgreich genutzt. Diese Datenbank-Software soll auch anderen interessierten niedersächsischen Kommunen zur Verfügung gestellt werden und als landesweit einheitliche Planungsgrundlage genutzt werden können.

Untersuchung von Altlastverdachtsflächen

Der erste wichtige Schritt für die Nachnutzung einer altlastverdächtigen Brachfläche besteht darin, eine sogenannte orientierte Untersuchung durchzuführen. Sie zeigt auf, ob von einer Brachfläche Gefährdungen für Boden und Grundwasser zu erwarten sind und ob eine Nachnutzung ohne großen Aufwand realisierbar ist. In einem neuen Förderprogramm des Umweltministeriums werden die Kommunen bei der Untersuchung und Sanierung von Altlastverdachtsflächen finanziell unterstützt. Das Förderprogramm soll helfen, den Kommunen Klarheit über altlastverdächtige Flächen zu verschaffen, damit diese im nächsten Schritt zügig saniert und nachgenutzt werden können.

Literatur

Niedersächsisches Ministerium für Ernährung, Landwirtschaft,
  Verbraucherschutz und Landesentwicklung (2008): Landesraumordnungsprogramm.
  http://www.ml.niedersachsen.de/portal/live.php?navigation_id=1378& article_id=5062&_psmand=7 (05.02.2013).
Niedersächsisches Ministerium für Umwelt, Energie und Klimaschutz (Hrsg.) (2011): Abschlussbericht des Arbeitskreises „Flächenverbrauch und Bodenschutz.
  http://www.regierungskommission.niedersachsen.de/download/62952/Abschlussbericht_Flaechenverbrauch_und_Bodenschutz_Dez_2011_.pdf (05.02.2013)
NBank (2010):Integrierte Entwicklung von Wohnstandorten und Regionen – Perspektive 2030" = Wohnungsmarktbeobachtung 2010/11. Hannover.

Birgit Böhm

Partizipation als Voraussetzung nachhaltiger Regionalentwicklung?

Ein kritischer Blick auf die Forderung nach Bürgerbeteiligung und gesellschaftlichem Multilog sowie die dafür notwendigen Grundbedingungen am Beispiel Fläche

Inhalt

1 Einführung und Problemdarstellung
2 Nachhaltiger Umgang mit der Ressource Boden als gesellschaftliche Zielsetzung
3 Die Herausforderung eines nachhaltigen und partizipativen Umgangs mit der Ressource Boden
4 Das Allmende-Problem
5 Das Beispiel der Samtgemeinde Barnstorf
6 Übertragbare Erfahrungen und Erfolgsfaktoren
7 Fazit

1 Einführung und Problemdarstellung

Weshalb sollte noch ein weiterer Artikel über Beteiligung verfasst werden? Gibt es darüber nicht schon genügend Wissen und sind nicht bereits ausreichend viele Methoden zu diesem Thema bekannt? Ist Beteiligung tatsächlich eine notwendige Voraussetzung für eine nachhaltige Regionalentwicklung oder ein nachhaltiges Flächenmanagement? Der folgende Beitrag geht diesen Fragen nach und wirft dabei einen kritischen Blick auf die vielschichtigen Forderungen nach Bürgerbeteiligung und einem gesellschaftlichen Multilog sowie die dafür notwendigen Grundbedingungen am Beispiel Fläche.

Viele Artikel befassen sich mit der Frage, welche Methoden für die Bearbeitung einzelner oder auch globaler Themen- und Problembereiche eingesetzt werden sollten. Dieser Artikel will grundsätzlich herausarbeiten, welche Rolle die Beteiligung im Rahmen einer nachhaltigen Regionalentwicklung spielen kann. Die Frage nach Methoden wird hier nicht in den Vordergrund gerückt, da diese im Rahmen von Methodenpools auf vielen Internetseiten und in der Literatur umfassend beschrieben und stetig durch Abwandlungen ergänzt werden. Wer sich also grundsätzlich mit der Frage des Sinns von Beteiligung befasst und zu Ergebnissen kommt, was wichtig sei und welche Rolle die Beteiligung spielen sollte, wird sich aus den vielen Methodenpools bedienen und die richtigen Methoden auswählen können.

Zu Beginn soll noch einmal ein kurzer Rückblick auf die beginnenden 90er Jahre des letzten Jahrhunderts geworfen werden. In dieser Zeit hat vor allem die Diskussion über die Umsetzung der Agenda 21 das Thema Bürgerbeteiligung und Teilhabe der gesellschaftlichen Gruppen an politischen Entscheidungen in das Bewusstsein der Öffentlichkeit getragen. In vielen Kommunen Deutschlands gab es Akteure/-innen, die die Agenda 21 als Handlungsplan gesehen und entsprechende Umsetzungsmaßnahmen initiiert haben. Allerdings gab es neben den Befürwortenden auch Gegner/-innen dieser Bewegung. Insbesondere ein prozessorientierter Ansatz, der die kommunale Entwicklung ganzheitlich betrachtete und somit zu zahlreichen Entwicklungsimpulsen und systemischen Veränderungen führen würde, wurde häufig und wird immer noch oft abgelehnt. In Seminaren, die die Autorin Mitte der 90er Jahre zur Umsetzung der lokalen Agenda 21 durchführte, wurde bspw. von Teilnehmenden festgestellt, es benötige Zivilcourage des Mittelbaus von Verwaltungen, sich für den Weg der nachhaltigen und partizipativen kommunalen Entwicklung im Sinne der lokalen Agenda 21 einzusetzen. Die basiskommunikative Umsetzung der Agenda 21 war als gemeinschaftliche Lösungssuche nach „dem richtigen Vorgehen" für zukunftsfähige Kommunalentwicklung gedacht, entwickelte sich jedoch zu einem Versuchslabor partizipativer nachhaltiger Kommunalentwicklung. In Arbeitsgruppen, Workshops, großen Plenen, Zukunftswerkstätten und später -konferenzen und vielen anderen Beteiligungsformen arbeiteten Akteure/-innen daran, die Ziele der Agenda 21 lokal umzusetzen. Es traten jedoch häufig Probleme auf, wenn Beteiligungsinitiativen an administrative Systemgrenzen gerieten, so z.B. wenn die Beteiligungsprozesse die Einbeziehung der Verwaltung oder Politik erforderlich machten. Machtgrenzen wurden angezweifelt und vereinzelt kam es sogar zu Forderungen aus Bürgerkreisen, dass Ratsvorlagen nun über die Tische der Beteiligungsakteure gehen müssten, bevor sie politisch entschieden würden. Es stellte sich die Frage nach der demokratischen Legitimation von Beteiligungsprozessen und den daraus resultierenden Ergebnissen, aber auch nach der Verbindung zwischen informellen Beteiligungsprozessen und

Partizipation als Voraussetzung nachhaltiger Regionalentwicklung? 41

dem demokratisch legitimierten und gesetzlich festgelegten System der Entscheidungsfindungen.

Bis heute ist diese Frage nicht zufriedenstellend gelöst worden. Sie wurde durch „Stuttgart 21" allerdings noch einmal besonders in das allgemeine Bewusstsein gerückt. Die heutige Situation ist jedoch mit der der beginnenden 1990er Jahre nicht vergleichbar, denn es liegen nun deutlich mehr Erfahrungen mit Bürgerbeteiligungsprozessen vor und es stellen sich die Problemlagen – nicht zuletzt durch die seit ca. zwei Jahrzehnten zunehmenden Prozesse der Globalisierung – diffiziler und vor allem noch komplexer dar (Anm. d. Verf.: Sie sind auch früher schon komplex gewesen, nur wurde diese Komplexität von Vielen noch nicht als handlungsleitend anerkannt).

Als Beispiel zu der Umsetzung und den Erfolgen von Beteiligungsprozessen in Regionen greift der Artikel ein Thema auf, das in den letzten 15 bis 20 Jahren nicht nur Wissenschaftler/-innen und Politiker/-innen, sondern auch viele andere Akteure/-innen bewegt hat und für das schon viele Lösungsansätze entwickelt wurden: das Thema der Flächenversiegelung und den sog. Flächenverbrauch in der Bundesrepublik Deutschland.

Schon im Jahre 2004 schrieb der Nachhaltigkeitsrat der Bundesregierung

„Jeder Fachmann und jeder Bürgermeister weiß inzwischen „eigentlich", dass die Zeiten vorbei sind, in denen jede Stadt, jede Gemeinde und jedes Dorf „alles" haben und vorhalten konnte. Das Ziel-30-ha ist ein Maßstab für die Nachhaltigkeit bei der Entwicklung von Stadt und Land" (Rat für Nachhaltige Entwicklung 2004: 2).

Dieses Ziel sollte so schnell wie möglich erreicht werden. Die Frage ist, ob dieses Ziel mit Bürgerbeteiligung schneller erreicht werden kann als ohne und welche Rolle die Beteiligung bei der Erreichung des Zieles spielt.

2 Nachhaltiger Umgang mit der Ressource Boden als gesellschaftliche Zielsetzung

Politik und Gesellschaft stehen vor der großen Herausforderung, Lösungen für einen Umgang mit immer knapper werdenden Ressourcen zu entwickeln und zu erreichen, dass ein Umsteuern unserer jetzigen Lebens- und Wirtschaftsweise hin zu einem neuen nachhaltigen Lebensstil möglich wird. Die gerechte Verteilung globaler Ressourcen wird zunehmend zum Thema, und der Schutz der Ressource Boden ist dabei eine der wichtigsten Zukunftsaufgaben, da er die Grundlage für unsere Ernährung, den Wasserhaushalt und die Biodiversität darstellt. Dies gilt für alle Staaten! Für die wirtschaftlich stärksten ebenso wie für die wirtschaftlich schwächsten Staaten.

Insbesondere der ländliche Raum ist - trotz des demographischen Wandels - noch immer von einer z.T. recht großzügigen Ausweisung von Wohnbauland und Gewerbegebieten betroffen. Diese Ausweisung erfolgt i.d.R. mittels einer Nutzungsänderung v. a. von landwirtschaftlich genutzten Flächen. Dies führt zu einem erhöhten Flächenverbrauch und einem beträchtlichen Überangebot solcher Flächen. Denn in vielen Kommunen ist die Bevölkerungsentwicklung und z.T. auch die Wirtschaftsentwicklung rückläufig oder stagnierend, so dass die ausgewiesenen Flächen nicht oder nur teilweise in Anspruch genommen werden. Die Folgen der Strukturreform der Bundeswehr und des Abzugs ausländischer Streitkräfte verschärfen diese Situation, da zusätzliche Flächen und Gebäude frei werden. Dies stellt die betroffenen Kommunen vor weitere Herausforderungen, denn eine ressourcenschonende Siedlungsentwicklung ist mit herkömmlichen regionalplanerischen Ansätzen kaum zu erreichen (vgl. Böhm et al. 2011 a, b).

3 Die Herausforderung eines nachhaltigen und partizipativen Umgangs mit der Ressource Boden

Die Umsetzung von Nachhaltigkeit erfordert dringend veränderte Sichtweisen auf das soziale System. Ausgangspunkt für die weiteren Ausführungen ist eine systemische Sichtweise bzw. eine Haltung zur Kommune als „lebendes System". Die Kommune agiert als „eigenständiges Wesen", auf das unterschiedlichste externe und interne Einflüsse wirken (kommunale Umwelt, Zuständigkeiten, Institutionen und welches wiederum eingebunden ist in ein Gesamtnetzwerk ähnlicher Organisationen. Somit gelten für den Umgang mit ihr die Regeln der Arbeit mit lebenden Systemen, die von verschiedenen Autoren schon seit über 20 Jahren in zahlreichen Prozessbeispielen und Handlungsanleitungen angemahnt werden. Probst/Gomez, Dörner, Maturana, Capra, Luhmann, Bertanlanffy, von Förster, Willke, Vester, Haken und andere haben hier eine große Vorleistung erbracht und den Blick weg vom linearen Vorgehen hin zu komplexen Lösungsansätzen im Umgang mit lebenden Systemen gelenkt.

Dabei stellen sie die bisherigen Denkmuster nahezu auf den Kopf. Lineare Vorgehensweisen werden als inadäquat erkannt. So wirkt das Denken der Menschen durch Denkmuster wie z.B. den Leitspruch „Macht Euch die Erde untertan", das Kosten-Nutzen-Denken oder analytisches logisches Denken „wie eine Hintergrundstrahlung" auf die Entscheidungsfindung ein und prägt das Denken der Menschen (vgl. Abb.1).

Partizipation als Voraussetzung nachhaltiger Regionalentwicklung? 43

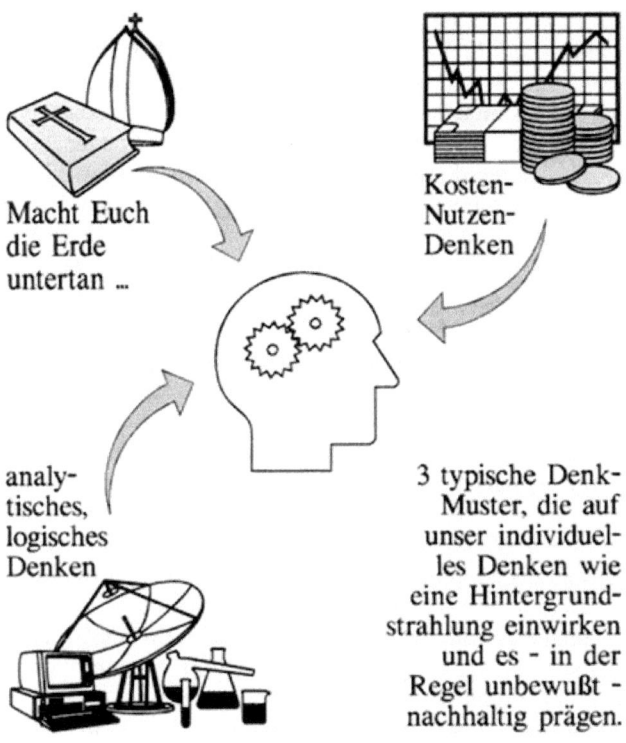

Abb. 1: Denk-Muster (Quelle: Sellnow 2008 zit. in Stiftung Mitarbeit o.J.)

Lebende Systeme sind in ihrem Verhalten und ihrer Entwicklung aber nicht hierarchisch und linear. Sie sind sehr dynamisch. Ihr Verhalten ist praktisch nicht vorhersehbar und sie sind nie vollständig transparent, bzw. man kennt nicht alle Akteure/-innen und Vernetzungen. In ihren Veränderungen erscheinen sie sprunghaft, das bedeutet, dass sich eine wahrgenommene Auswirkung in ihrer Entstehung im Vorhinein nicht immer erkennen lässt. Der Anfang bzw. der Start bestimmt in einem hohen Maße den Fortgang, da alle mit allen vernetzt sind und die Startbedingungen z.B. eines Beteiligungsprozesses in das System hineinwirken. Die Zeit können wir nicht zurückdrehen, d.h. Fehler können nicht ausgelöscht werden, sondern können nur die Grundlage für ein Lernen aus Fehlern sein. Das System organisiert sich durch Selbstorganisation, um einen bestimmten, angestrebten Zustand zu erreichen, dauerhaft zu erhalten oder zu vermeiden. Lebende Systeme streben immer einen stabilen Zustand an. Dieser muss aus Sicht des Betrachters nicht positiv sein. Dieser stabile Zustand kann erhebliche Beharrungstendenzen aufweisen, wenn man das System verändern möchte. Im Falle der Demokratie ist dies sehr beruhigend. Dabei gibt es ein komplexes Zusammenspiel informeller und formeller Gruppen, denn viele kleine Gruppen sorgen durch ihre Aktivitäten und ihr Verhalten für die Organisationsstrukturen auf übergeordneter Ebene. Alle Systembestandteile (Subsysteme) geben Informationen immer an ihre Subsysteme weiter. So ist in sozialen Systemen das Triebrad für Informationstransfer die Kommunikation auf allen Ebenen (vgl. Böhm et al. 2001). Unter Beachtung dieser komplexen Vernetzungen fassen Poferl et al. schon 1997 das, was zu tun ist, folgerichtig als "...notwendigen Bruch mit Denkmustern und Handlungsroutinen für alle Milieus...." zusammen. Was resultiert nun aus dieser Forderung für den Aspekt der Beteiligung und den gesellschaftlichen Multilog, und lassen sich Menschen motivieren, sich pro-aktiv für die gesellschaftliche Entwicklung zu engagieren?

Es ist keine neue Weisheit, dass Menschen sich dann beteiligen, wenn sie dies mit Sinn für sich verbinden. Einer der sicherlich mit am häufigsten zitierten Leitsprüche aus dem Bereich der Partizipation heißt: „Wir müssen die Menschen dort abholen, wo sie stehen". In der sogenannten globalisierten Welt stellt sich jedoch immer öfter die Frage, wie die Betroffenheit zustande kommt und bei welchen Themenbereichen. Der Tsunami im Jahre 2004 im Indischen Ozean hat große Betroffenheit und eine große Spendenwelle ausgelöst. Die Herausforderung des globalen Klimawandels ist multidimensionaler und damit für die Menschen schwerer in den Auswirkungen und den Ursachen zu erfassen.

Der Ruf nach mehr Teilhabe gewährleistet für die gesellschaftlichen Gruppen mehr Einfluss und Selbstbestimmungsmöglichkeiten und führt zu einer Verteilung von Lasten, Pflichten und Verantwortung auf viele Schultern.

Zudem bietet Beteiligung oder Partizipation die Möglichkeit, gesellschaftliche Verhaltensweisen für zukünftige Katastrophenszenarios einzuüben, d.h. Kooperationen anzubahnen, Netzwerke zu initiieren, Informationstransfer zu gewährleisten und vor allem Nähe der unterschiedlichen gesellschaftlichen Gruppen herzustellen. Mit Hilfe von Beteiligungsprozessen wird es möglich, den individualisierten Lebensentwürfen unserer Gesellschaft eine Diskussion über Gemeinschaftsgüter (wie z.B. die Ressource Boden) gegenüberzustellen, denn mit der Partizipation steigt auch der Grad der gemeinschaftlichen Verantwortlichkeit der Einwohner einer Kommune oder Region für das Gemeinwesen, die Allmende oder „die eine Welt", und nicht selten wird es möglich, politisch unpopulärere Maßnahmen wie finanzielle Einschnitte, vergleichbare Restriktionen oder Verzichtszenarios umzusetzen.

Die Intentionen der Akteure/-innen sind zudem i.d.R. sehr vielfältig. Sie reichen von ganz privaten Interessen bis hin zu so globalen Zielsetzungen wie „die Welt verbessern". Menschen wollen sich konkret für etwas einsetzen, doch sind auch ganz persönliche Ziele für Engagement leitend, z.B. neue Leute kennenzulernen, gegen etwas zu „kämpfen" oder sich als Reaktion auf eine Handlung oder Anforderung anderer zu engagieren. Engagement ist somit nicht gleich Engagement!

Partizipation als Voraussetzung nachhaltiger Regionalentwicklung? 45

Neben den Intentionen, sich zu engagieren, verfügen die Menschen über sehr unterschiedliche Fähigkeiten, Bildungshintergründe und Vorerfahrungen. Zudem sind einige in der Ausprägung ihrer Verhaltens- und Einstellungsmuster z.B. eher Visionär/-in, Praktiker/-in, kreativ oder Kontrolleur/-innen. Doch stellen diese Bedingungen nicht alle Faktoren dar, die das Engagement für eine Beteiligung beeinflussen. Hinzu kommt die Ausstattung von ehrenamtlichem Engagement und Bürgerbeteiligungsprozessen durch Rahmenbedingungen wie z.B. finanzielle Mittel, Zeit, vorhandene Vernetzung, Unterstützung durch Politik, Verwaltung bzw. Einbindung in Organisationen, Information und Befähigungsangebote.

So lassen sich klassische Probleme des Engagements und der Bürgerbeteiligung identifizieren, die Stephan Willinger (2011) wie folgt zusammengefasst hat:

- Abendtermine als "lästige Pflicht der Beteiligung"
- Geringe Resonanz
- Fehlende Informiertheit
- Oberflächlichkeit
- Soziale Selektivität
- Dominanz organisationsstarker Interessen
- Engagement erst bei Betroffenheit
- Oft polarisierte, z.T. unüberbrückbare Meinungsunterschiede

Solche vielfältigen und hochkomplexen Sichtweisen und Bedingungen für Engagement und Beteiligung sind auch bei dem komplexen Thema Schutz der Ressource Boden und nachhaltiges Flächenmanagement zu finden.

Als Hypothese lassen sich verschiedene Ursachen für den unterschiedlichen Grad an Betroffenheit vermuten:

1. Es gibt eine unterschiedliche Befähigung der Menschen auf der Basis der eigenen Sozialisation und der Güte des Bildungssystems zur Wahrnehmung und Beurteilung der Komplexität der eigenen und fremder Lebenswelten sowie der durch eigenes Handeln ausgelösten Wirkungen; z.B. der Bau eines Hauses und die dadurch ausgelösten Wirkungen in Bezug auf die Ressource Boden und die mit ihr verbundenen ökologischen Prozesse.
2. Es besteht eine unterschiedlich ausgeprägte Resonanzfähigkeit (Vernetzung, Informationsfluss und Befähigung zur Informationsverarbeitung und –bewertung) des sozialen z.B. regionalen oder kommunalen Systems auf die Betroffenheit einzelner Mitglieder (z.B. wenn ein Einwohner/-in sich gegen den weiteren Bau von Straßen mit dem Ziel ausspricht, die weitere Versiegelung von Boden zu reduzieren und die Kommune z.B. daraufhin eine Informationsveranstaltung zum Thema Flächenmanagement durchführt, in der

die Ziele der Bundesregierung vorgestellt und gemeinsam die Frage, was das für die Kommune zu bedeuten hat, diskutiert wird).
3. Es gibt unterschiedliche Werterahmen und Unterstützungsangebote der das soziale System umgebenden Gesellschaft. (In Bezug auf das Thema Fläche ist dies z.B. die Diskussion um Nachhaltigkeit, der Erhalt der Biodiversität, der Bodenschutz, Naturschutzgesetze und auch das 30-ha-Ziel).

Es erscheint, als sei die Komplexität der einzelnen Lebenswelten zu umfassend geworden, um sie linear zu erfassen, doch bei näherer Betrachtung kann vermutet werden, dass in erster Linie die Unkenntnis über die komplexen Zusammenhänge des eigenen Lebensumfeldes eine Rolle spielt, da damit der Verlust persönlicher Betroffenheit einhergeht. Überlebensnotwendige Erkenntnisse können aus der Vielfalt der Lebensbezüge nicht mehr automatisch herausgefiltert werden, da der direkte Bezug zum eigenen Lebensumfeld fehlt. Wie sonst könnten vor allem Flächenverbrauch oder das Artensterben von der Masse der Menschen derart unbeachtet bleiben. Der Zusammenhang zwischen dem eigenen Verhalten und den Auswirkungen dieses Verhaltens wird nicht hergestellt. Daraus folgt, dass auch jeder Einzelne eine gesellschaftliche Verantwortung trägt und seinen Teil zum Gemeinwohl beitragen muss, denn gerade Veränderungen benötigen soziales Kapital und dies besitzt jede und jeder Einzelne in unterschiedlichen Ausprägungen. Nach Bourdieu (1983) hängt dieses soziale Kapital von der Ausdehnung des Netzes von Beziehungen ab, die eine Person tatsächlich mobilisieren kann, und von dem Umfang des (ökonomischen, kulturellen oder symbolischen) Kapitals, das diejenigen besitzen, mit denen die Person in Beziehung steht.

Gerald Hüther (2010) beschreibt diese Vernetztheit des Menschen in einer recht einfach anmutenden Formel: „Das Gehirn ist ein Beziehungsorgan". Was hier von Hüther leicht verständlich ausgedrückt wird, ist der komprimierte Ausdruck höchster Komplexität der Wahrnehmung und Vernetzung unserer Lebenswelt mit unserer inneren Organisation. Somit sind die Wechselwirkungen zwischen unserer Gehirnstruktur, unserer Familie und unserem Gemeinwesen enger als bisher vielleicht vermutet, denn das Umfeld beeinflusst die Gehirnentwicklung und damit auch das, was der Mensch an Fähigkeiten und Interessen ausbildet. Andersherum konstatieren Negt/Kluge das Gemeinwesen „entsteht, wo die Menschen anfangen, sich selber nach Lebensinteressen [in Wechselwirkung mit dem Lebensraum; d.V.] zu organisieren" (Negt/Kluge 1992: 17 zit. in Oelschlägel 2011). Daraus lässt sich der Schluss ziehen, dass wir nur durch ein lebendiges Gemeinwesen und eine intuitive Beziehung zur Natur diese beiden auch immer wieder hervorbringen können. Zusammenfassend ist also festzuhalten, dass dem Handeln der Menschen Motive und Vorstellungen auf Basis der eigenen Lebenswelt sowie durch Ausschöpfen der Möglichkeitsräume und Abstrahieren von der Gegenwart und eine Vorstellung zukünftiger und anderer Zustände zugrunde liegen. Um hier zu zukunftsfähigen Lebens- und Handlungs-

Partizipation als Voraussetzung nachhaltiger Regionalentwicklung? 47

entwürfen zu gelangen, ist ganz im Sinne Habermas Theorie des kommunikativen Handelns Kommunikation vonnöten, die nach bestimmten Kriterien zu organisieren ist (vgl. Habermas 1981). Diese Rolle übernehmen nach Ansicht der Autorin vor allem die Prozesse zur Partizipation.

Jeden Tag wird also durch viele kleine Einzelentscheidungen und -handlungen sowie die rahmengebenden Zielsetzungen und Grenzen durch Politik und Verwaltung die Stadt, die Region neu gestaltet und „erfunden". Einwohner/-innen sind Teil der Gesamtheit Stadt und Region, Mitproduzent/-innen und in ihrem jeweiligen Eigensinn akzeptierte Akteure/-innen von Stadt- und Regionalentwicklung (vgl. Willinger 2011). Demokratie und die Fähigkeit eines Staates, zukunftsfähige Entscheidungsfindung einzuleiten und zu ermöglichen, bedeuten somit nicht, dass wir es mit einem hierarchischen System von Entscheidungsfindung und Informationsweitergabe zu tun haben, sondern mit

"[…] einem komplexen Gefüge verschiedener Handlungsformen und institutioneller Arrangements, […] einer multiplen Demokratie" (Nolte 2011 zit. in Willinger 2011: 158).

Um also zu erreichen, dass sich im Hinblick auf die Nutzung der Ressource Boden nachhaltigkeitsorientierte Entwicklungen ergeben, ist es notwendig das demokratische System als Resonanzraum anzuerkennen, „in dem Paralleldiskussionen immer wieder in Beziehung zueinander und zu konkreten Planungsentscheidungen gesetzt und so große Teile der Bevölkerung […] [im Hinblick auf Komplexität und Widersprüchlichkeit; d.V.] sensibilisiert" werden (Willinger 2011: 158).

Benötigt werden zahlreiche freiwillige Verantwortungsgemeinschaften mit folgenden Eigenschaften derselben:

- Das gemeinsame Ziel, Flächenverbrauch (nicht nachhaltige Nutzung der Ressource Boden) zu reduzieren bzw. zu verhindern
- Regeln der Kooperation und Organisation werden entwickelt und beachtet
- Ein/e Kümmerer/-in ist vorhanden, der/die die Motorenfunktion übernimmt
- Notwendige Informationen werden besorgt und die Akteure/-innen qualifiziert, um die „richtigen" Entscheidungen treffen zu können
- Verantwortungsbereite, kooperationsfähige und –willige Akteure/-innen werden weiterhin gesucht
- Eine sich entwickelnde Struktur der Kooperation wird angestrebt
- Zeitbudgets für die Arbeit werden frei gehalten, eine hohe Transparenz wird gewahrt
- Die Akteure/-innen verschaffen sich die rechtliche bzw. politische Legitimation zur Bearbeitung dieses Themas

4 Das Allmende-Problem

Beim gemeinschaftlichen Schutz der für alle lebenswichtigen Ressourcen ist aber häufig ein soziales Dilemma zu beobachten. Die Gesamtheit der Akteure/-innen setzt sich i.d.R. aus zu vielen Einzelinteressen zusammen (z.B. Privateigentümer, Personen, die nicht Flächeneigentümer sind, Gemeinwohlinteressen des Staates u.a.). Die Summe all dieser Einzelinteressen könnte den gemeinsamen Mehrwert ergeben, wenn alle sich auf gemeinsame Ziele einigen bzw. es eben sehr viele dieser freiwilligen Verantwortungsgemeinschaften geben würde, die in die gleiche Richtung arbeiten. Je kleiner die Einheit des Gemeingutes ist, z.B. eine Eigentümergemeinschaft eines Hauses, desto leichter ist es, dass sich alle Eigentümer auf ein gemeinsames Ziel einigen. Bei übergeordneten Ressourcen (Klima, Boden ...) ist es nahezu unmöglich, einen vertrauensvollen Kooperationsprozess zu initiieren, da a) nicht alle Akteure/-innen bekannt sind und b) die Interessen sich teilweise diametral gegenüber liegen. Daher ist es hier notwendig, übergeordnete Instanzen und Rahmenbedingungen einzuführen, die für die Akteure/-innen handlungsleitend sind, wie z.B. das 30-ha-Ziel und entsprechende Gesetzesvorgaben, die es den Akteuren/-innen und freiwilligen Verantwortungsgemeinschaften erleichtern, sich den Zielen unterzuordnen (z.B. kein Bau nicht-privilegierter Vorhaben im Außenbereich der Kommunen).

Die Bedeutung der Commons oder der Allmende, also der gemeinschaftlichen Güter erhält eine wachsende Bedeutung. So fragt sich die Heinrich Böll-Stiftung in einer kürzlich erschienen Veröffentlichung mit dem Titel „Wohlstand durch Teilen":

> „Welche Konsequenzen hat es, wenn Grund und Boden als Gemeingüter begriffen werden? Wie verändert sich der öffentliche Raum, wenn er nicht mehr durch Werbung, Lärm, Autos oder Parkhäuser beliebig privatisiert werden darf? Wie wäre es, wenn die freie Nutzung von Wissen und Kulturgütern die Regel und deren kommerzielle Nutzung die Ausnahme wäre [im Sinne einer gesellschaftlichen Übereinkunft; d. V.]? Und welche Regeln und Institutionen für den sinnvollen Umgang mit Gemeingütern sind sinnvoll und gut?" (Helfrich et al. 2009: 4).

Um dieses Ziel zu erreichen, wird eine umfängliche Diskussion notwendig sein, die unter den im Vorangegangenen beschriebenen Aspekten durchgeführt werden kann. Daraus folgt, dass für gesellschaftliche Umsteuerungsprozesse Zeit und das notwendige Wissen aufbereitet und zur Verfügung gestellt werden müssen, um optimale Entwicklungsbedingungen zu schaffen. Gleichzeitig ist der Kommunikationsprozess vieler Akteure/-innen zu organisieren, damit es möglich wird, Informationen von Verantwortungsgemeinschaft zu Verantwortungsgemeinschaft weiterzutragen.

"Öffentliche Güter [Straßen, Schulen u.ä., d.V.] bedürfen einer starken Rolle des Staates. Gemeingüter [Boden, Wasser, d.V.] bedürfen vor allem mündiger Bürger. In einer Kultur der Gemeingüter leben heißt, das Leben in die eigene Hand nehmen" (ebd.: 9).

Um aber die Gemeingüter zu schützen, muss der Staat sich einbringen und
a) die Rechte der Gemeinschaft an ihren Gemeingütern sichern sowie
b) dafür Sorge tragen, dass alle Menschen Zugang zu den notwendigen Informationen, gesellschaftlichen Gruppen und Lernprozessen haben, um sich in einer neuen Kultur der Gemeinschaft zurechtfinden und einbinden zu können.

5 Das Beispiel der Samtgemeinde Barnstorf[1]

Die Samtgemeinde Barnstorf ergriff mit dem Forschungsvorhaben »Gläserne Konversion« im Rahmen des Programms REFINA »Forschung für die Reduzierung der Flächeninanspruchnahme und ein nachhaltiges Flächenmanagement« die Chance, ein sehr individuelles kommunales Ziel anzupacken, die Nachnutzung der freigezogenen Hülsmeyer-Kaserne.

Ziel des Forschungsprojekts war es hingegen, ein partizipatives Bewertungs- und Entscheidungsverfahren für ein nachhaltiges Flächenmanagement im ländlichen Raum am Beispiel von Konversionsflächen in ausgewählten Kommunen zu entwickeln. Hypothese der Forschungsgruppe war, dass Beteiligungsprozesse nicht »automatisch« zu nachhaltiger Entwicklung führen (was gerade in vielen Lokale Agenda 21-Prozessen in den 90er Jahren angenommen wurde). Schon bei der Zielsetzung zeigen sich unterschiedliche Motivationen. Ganz im Sinne des in Kapitel 3 des vorliegenden Artikels beschriebenen, notwendigen, komplexen Beteiligungsansatzes, der in der Lage ist, viele freiwillige Verantwortungsgemeinschaften zu integrieren und den Boden als Gemeinschaftsgut anzuerkennen, zielten die partizipativen Vorhaben des Forschungsvorhabens auf einen umfassenden Beteiligungsprozess in den Samtgemeinden Barnstorf und Fürstenau. Konkret sollte ein Prozess in Gang gesetzt werden, an dem sich Verwaltung, Politik, Landkreis und Einwohner/-innen pro-aktiv beteiligen und der ein nachhaltiges, auf einem gesamtkommunalen und nachhaltigkeitsorientierten Leitbild basierendes Flächenmanagement implementiert. Dabei waren sowohl prozesshemmende als auch -unterstützende Faktoren zu identifizieren und für den weiteren Prozessverlauf zu nutzen. Zudem wurden die sozioökonomischen Rahmenbedingungen sowie die ökologischen Flächenpotenziale des Konversionsstandortes in den Blick genommen.

---

1 Der folgende Text ist zum größten Teil der Veröffentlichung Böhm, Lübbers 2011 entnommen und mit Ergänzungen versehen worden. Daher müsste er als Zitat gekennzeichnet werden. Um nicht fünf Seiten kursiv drucken zu müssen, wird darauf verzichtet und an dieser Stelle darauf hingewiesen.

Um mittels Beteiligung das Ziel eines nachhaltigen Flächenmanagements in der Kommune möglichst per Ratsbeschluss zu verankern, wurde vom Forschungsteam ein systemischer und ergebnisoffener Kommunikations- und Beteiligungsprozess initiiert, in den zudem regelmäßig Informationen und Wissen zu den Themen Regionalökonomie und Umweltschutz eingebracht wurden. Die in der folgenden Abbildung 2 aufgeführten und angewendeten Prozessbausteine (Meilensteine) stellen einen erfolgreichen Instrumentenmix dar, der in der Lage ist, ein kommunales Gesamtsystem in Resonanz zu versetzen.

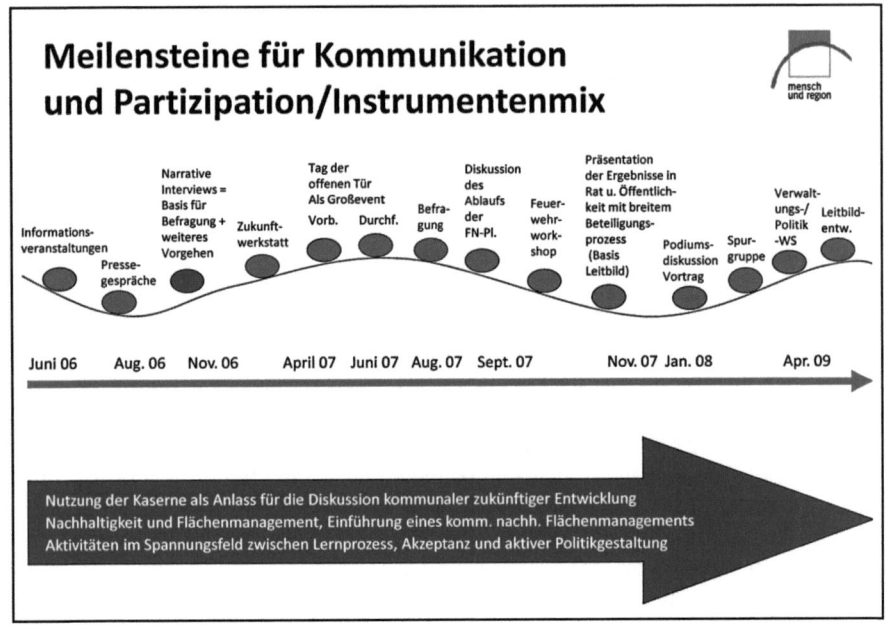

Abb. 2: Meilensteine für Kommunikation und Partizipation im Beteiligungsprozess »Gläserne Konversion« in der Samtgemeinde Barnstorf (Quelle: Böhm 2012)

Die für die Resonanz des Gesamtsystems – und damit für die Entwicklung von Barnstorf hin zur nachhaltigen Bürgerkommune – sicherlich wichtigsten Bausteine (vgl. Abb. 2) waren die erste Analyse der Wissens- und Wertebestände in der Samtgemeinde, der »Kasernenfrühling« (Tag der offenen Tür, an dessen Vorbereitung viele Barnstorfer/-innen mitwirkten und der von rund 4000 Besucher/-innen wahrgenommen wurde), die Einrichtung des Einwohner/-innenbeirates, die Leitbildentwicklung und die Woche der Fläche sowie die durch den Rat beschlossene Verankerung eines nachhaltigen Umgangs mit der Ressource Boden.

Partizipation als Voraussetzung nachhaltiger Regionalentwicklung? 51

Auf Basis der o. g. Ausgangshypothese, dass Partizipation nicht »automatisch« zu nachhaltigem Flächenmanagement und Nachhaltigkeit führt, war es vorab notwendig, die vorhandenen Wissens- und Wertbestände zu identifizieren und ggf. zu erweitern. Ziel dieses Arbeitsschrittes war es, herauszufinden, welche Beziehung die Menschen zu ihrer Umgebung, zu Boden und Fläche und zum Thema Umweltschutz haben, was ihnen ihr ländlicher Lebensraum bedeutet und ob sie Bauland- und Gewerbegebietsausweisungen mit dem Aspekt der Flächenreduzierung in ihrer ländlichen Umgebung in Verbindung bringen. Aufgrund dieser Befragung konnten die Informationen und Argumente auf die Wissensdefizite der Bevölkerung optimal zugeschnitten werden.

Alle detaillierten Arbeitsschritte können an dieser Stelle nicht wiedergegeben werden, sind aber in zahlreichen anderen Veröffentlichungen dokumentiert (vgl. z.B. Böhm, Lübbers 2011).

Durch einen Multilog auf vielen Ebenen mit vielen verschiedenen Methoden und mit einem relativ großzügigen Zeitraster sowie ausreichend finanzieller Ausstattung konnten sehr gute Ergebnisse im Hinblick auf das Ziel eines nachhaltigen Umganges mit der Ressource Boden in der Samtgemeinde Barnstorf erreicht werden.

Der Grundsatzbeschluss zum Nachhaltigen Flächenmanagement, dem auf Nachhaltigkeit ausgerichteten Leitbild und der Legitimation des Einwohner/-innenbeirats als Bürgerforum bilden die wesentlichen Bausteine in Richtung einer nachhaltigen Bürgerkommune. Für die weiteren Schritte und Aktivitäten der Kommune ist das Leitbild zentraler Orientierungspunkt, da es a) verdeutlicht, wie die verschiedenen Ziele zusammenhängen, und b) als Controllingbasis für eine jährliche Überprüfung durch das Bürgerforum dient, ob und wie die Aktivitäten von Politik und Verwaltung im Einklang mit dem Leitbild stehen bzw. dies berücksichtigen und ob das Leitbild selbst noch aktuell ist.

Aus dem Zusammenspiel zwischen Leitbild und Bürgerforum ist somit eine Korrekturinstanz für Nachhaltigkeit entstanden, und das Bürgerforum hat sich als wichtiger Akteur der kommunalen Entwicklung etabliert.

Ein weiteres, zentrales Ergebnis ist der Bewusstseinswandel bei allen Akteur/-innen. Eine große Anzahl der Bürgerinnen und Bürger weiß (laut einer Befragung in der SG Barnstorf) um die Bedeutung des Themas »Nachhaltiges Flächenmanagement« und befürwortet es als wichtiges Ziel für die Samtgemeinde Barnstorf. Darüber hinaus sprechen sie sich sehr deutlich dafür aus, dass sich Barnstorf zu einer Bürgerkommune entwickelt. Ein Ausdruck für dieses Bewusstsein ist, dass die Bürgerinnen und Bürger von Barnstorf in einem Beteiligungsverfahren zur Aufstellung eines Bebauungsplanes für ein Wohnbaugebiet die Notwendigkeit eines zusätzlichen Baugebietes angezweifelt und stattdessen Innenverdichtung angeregt haben. Auch in Politik und Verwaltung werden Nachhaltigkeit und nachhaltiges Flächenmanagement nicht mehr in Frage gestellt, sondern vielmehr als Erfolgsfaktor betrachtet. Zudem erkennen in der

Zwischenzeit auch die Verwaltungsspitzen die Notwendigkeit, Bürgerbeteiligung und Bürgerengagement stärker in die kommunalen Entscheidungen zu integrieren.

Insgesamt lässt sich festhalten, dass die Samtgemeinde Barnstorf während und in Folge des Beteiligungsprozesses für Nachhaltiges Flächenmanagement als Gesamtsystem in Bewegung geraten ist und in Resonanz versetzt wurde. Auch heute noch werden zahlreiche Aktivitäten und Maßnahmen angestoßen und umgesetzt, die sich auf das Leitbild zurückführen lassen und der Kommune sowohl Zukunftssicherheit als auch die Zufriedenheit der Einwohnerinnen und Einwohner garantieren. Die Samtgemeinde Barnstorf wird inzwischen für Europa als gutes Beispiel für den nachhaltigen Umgang mit der Ressource Boden von der EU-Kommission empfohlen und wurde am 6.9.2012 in der Jurysitzung in Berlin unter die TOP 3 in der Kategorie "Deutschlands nachhaltigste Kleinstädte und Gemeinden" gewählt und damit für den Deutschen Nachhaltigkeitspreis für Städte und Gemeinden 2012 nominiert.

Der Erfolg gibt den Verantwortlichen Mut, den begonnen Weg weiter zu gehen. In dem Folgeprozess zum Projekt »Gläserne Konversion« hat sich jedoch auch gezeigt, dass – wenn sich die kommunale Entwicklung einmal umorientiert hat – das Fachpersonal in der Verwaltung gemeinsam mit den Politikerinnen und Politikern eine Entwicklungsgeschwindigkeit erreichen kann, die es erschwert, im Rahmen einer Bürgerbeteiligung viele Menschen mitzunehmen bzw. zu gemeinsamen Entscheidungen zu kommen. Die Menschen an den Entwicklungsprozess anzubinden, ist und bleibt eine notwendige Aufgabe für Politik, Verwaltung und Bürgerforum, um eine langfristig tragfähige Entwicklung zu garantieren. Aus all diesen Entwicklungen und Aktivitäten haben sich für Barnstorf positive Effekte ergeben: Neue Unternehmen haben sich angesiedelt und damit zusammenhängend stiegen die Gewerbesteuereinnahmen. Neue Arbeitsplätze wurden geschaffen, so dass bis Ende 2010 ein Höchststand an sozialversicherungspflichtigen Arbeitsplätzen vermeldet werden konnte. Die Gemeinde sparte Kosten für den Bau von neuer Infrastruktur. Der Wert vorhandener Gebäude blieb erhalten und der Ortskern wurde deutlich belebt. Davon profitiert auch die Landwirtschaft, denn sie verliert einen starken Konkurrenzfaktor bei der Flächennutzung (die Flächenausweisung für Gewerbe und Wohnungsbau). Ein weiterer positiver Effekt ist, dass sich mit dem Leitbild im Hintergrund leichter Fördermittel akquirieren lassen. Mit diesen können dann Maßnahmen in innovativen und zukunftsorientierten Handlungsfeldern aktiv umgesetzt werden. Schließlich erzielte die Samtgemeinde mit ihrem Konzept zur »Energieeffizienten Stadtbeleuchtung« im Rahmen des bundesweiten Wettbewerbes den ersten Preis in der Größenklasse bis 50.000 Einwohner/-innen.

Herausforderungen, die sich im Beteiligungsprozess stellten

Trotz aller Erfolge sollen hier auch die Herausforderungen erwähnt werden. So erschwerte das »Kirchturmdenken« in den Mitgliedsgemeinden vielfach massiv die Realisierung gemeinsamer Projekte. Über wechselseitige Resonanzen zwischen Politik und Bürgerschaft ist im Rahmen des Projektes zwar ein Sichtwechsel in Gang gekommen, dessen Bearbeitung bedarf jedoch noch mehr Zeit. Bürgerbeteiligung verursacht eine deutlich höhere Arbeitsbelastung in der Verwaltung. Dieses Gefühl der übermäßigen Belastung reduzierte sich zwar mit der zunehmenden Erfahrung im Umgang mit den Bürgerinnen und Bürgern. Eine weitere Verbesserung dieses Umgangs bleibt in Barnstorf zugleich ein länger andauernder Lern- und Überzeugungsprozess, der auch eine gezielte Aus- und Fortbildung der kommunalen Mitarbeiter/-innen erfordert. Insbesondere da noch nicht alle Bevölkerungsgruppen eingebunden werden konnten. So sind Migrantinnen und Migranten sowie Jugendliche zukünftig noch viel stärker in Beteiligungsprozesse zu integrieren.

Kommunale Entscheidungen und kommunales Handeln basieren häufig auf nicht nachgewiesenen Einschätzungen. Zu selten stützen sich die Diskussionen von Pro und Contra auf konkrete Daten und Fakten. Um die lokale Brisanz der bisherigen Flächennutzung, aber auch die Chancen eines nachhaltigen Flächenmanagements und die Notwendigkeit einer nachhaltigen Zukunftsentwicklung der Samtgemeinde Barnstorf kommunizieren zu können, war der Forschungsverbund auf die Hilfe »von oben« (Kreis, Land, Bund) und die Bereitstellung von Daten und Vorgaben verschiedener Fachrichtungen u.a. durch die Verbundpartner/-innen und von außen angewiesen.

6 Übertragbare Erfahrungen und Erfolgsfaktoren

Zusammenfassend und rückblickend können folgende Faktoren als mitverantwortlich für den Erfolg identifiziert werden:

- Vertrauen zu einander und in die Integrität der Mitakteure/-innen
- die interdisziplinäre Zusammensetzung des Forschungsverbundes,
- die Transparenz im Forschungsverbund,
- die Fachkompetenz, die für die jeweiligen Dimensionen der Nachhaltigkeit vertreten war,
- die Anwendung eines breiten Instrumentenmixes aus Vorträgen, Workshops und Informationsveranstaltungen, Öffentlichkeitsarbeit,
- die enge Zusammenarbeit mit den Führungskräften und politischen Vertreterinnen und Vertretern der beiden Samtgemeinden und deren Einbindung als authentische Befürworter und Vertreter eines nachhaltigen Flächenmanagements,

- die hohe Flexibilität und das Eingehen auf Prozessdynamiken,
- die starke emotionale Betroffenheit der Akteure, die es ermöglichte, sehr unterschiedliche Zielgruppen in den Prozess zu integrieren und damit eine breite Öffentlichkeit zu beteiligen,
- das Aushandeln nächster Prozessschritte zwischen externen Beraterinnen und Beratern, Verwaltungsspitze und Bürgerinnen bzw. Bürgern und
- die konstruktive Kommunikation dieser Schritte über die Presse an die Öffentlichkeit,
- die Integration des avisierten Entwicklungsziels in einen »Gesamtkanon« von Zielen der kommunalen Entwicklung und deren regelmäßige Überprüfung durch eine »Korrekturinstanz« (hier das Bürgerforum) (vgl. Böhm et al. 2009: 112f).

Es zeigte sich, dass viele der bestehenden Konflikte erst wirklich spürbar werden, wenn alte Wege verlassen und neue beschritten werden. Die Verschiebung des Wertesystems in einer Kommune bzw. die Diskussion über Werte macht Konflikte sichtbar – und damit auch bewältigbar. Denn sind die Konflikte und Herausforderungen erst einmal bekannt, können dafür auch Lösungsansätze gefunden werden.

Nachhaltige Entwicklung und damit auch der Schutz der Ressource Boden kann nur als Ganzes angestrebt werden und sollte daher auch in der Verantwortlichkeit Vieler gemeinsam umgesetzt werden. Dazu gehört v. a. auch, dass sich Entscheider/-innen kommunaler Entwicklungsprozesse der aktuellen Kenntnisse der Wissenschaft bedienen, sich weniger auf Hypothesen oder Annahmen stützen, sondern auf konkrete Daten und Fakten sowie auf fachkundige Unterstützung bei deren interdisziplinärer! Interpretation. Sie sollten bei der Planung vor allem langfristige Wirkungen berücksichtigen, die weit über die eigene Amtszeit hinausreichen und sich einer pro-aktiven Bürgerschaft bedienen, der sie die umfangreichen Zeit-, Finanz- und Wissensressourcen zur Verfügung stellen, die notwendig sind, um sich eine ausgewogenen Meinung bilden zu können.

Das Engagement der Verantwortungsgemeinschaft ist von den einzelnen Personen und ihrer Lebenswelt nicht zu trennen. Die vielen Wechselwirkungen im System bewirken, dass durchaus auch wenige Menschen viel für das Gemeinwesen erreichen können, sofern ihre Ziele transparent, Informationsweitergabe gewährleistet und die Mitwirkung für alle offen ist.

Die Geschichte und die Wissens- und Wertebestände bestimmen zu einem großen Teil, wie viel Änderung möglich ist bzw. wie sehr die Menschen bereit sind, Veränderungen zu initiieren bzw. hinzunehmen.

Somit funktioniert das Lernen von guten Beispielen immer dann, wenn die Beispiele anschlussfähig an die Wissens- und Wertebestände der jeweiligen Akteure/-innen sind.

7 Fazit

Tatsächlich sind viele Methoden und Vorgehensweisen bekannt und auch geeignet, Veränderungsprozesse langfristig zu initiieren und zu gewährleisten, dass sich die Einwohnerschaft von Kommunen und Regionen für den langfristigen Schutz und die nachhaltige Nutzung der Ressource Boden und anderer common goods einsetzt. Sicherlich geht dies auch durch staatliche Vorgaben bis zu einem gewissen Grade. Doch hat sich auch gezeigt, dass aufgrund der Komplexität der Lebenswelt und der engen Vernetzung der Welt mit unserer eigenen Entwicklung eine pro-aktive Auseinandersetzung und aktives gemeinschaftliches Handeln für die Problemlösung unabdingbar sind.

Ein gesellschaftlicher Multilog auf allen Ebenen stellt nach Ansicht der Verfasserin eine wichtige Grundbedingung für eine langfristige Veränderung des Umganges mit lebensnotwendigen Ressourcen dar. Dabei sind noch viele Fragen unbeantwortet, vor allem die nach einer Verbindung dieser komplexen, informellen, partizipativen Demokratieansätze mit der repräsentativen Demokratie, die für die Entscheidungsfindung verantwortlich zeichnet.

Darüber hinaus ist es notwendig, in Zeiten der Änderungen von Systemzuständen (z.B. weg vom individualisierten Wirtschaften hin zu einer Gemeinwohlökonomie) die Information frei fließen zu lassen. D.h., dass viele Lösungsansätze bekannt werden müssen und gute Beispiele weiterhin veröffentlicht und so aufbereitet werden sollten, dass sie zur Nachahmung anregen. Wichtig ist dabei ein „Informations- und Wissenstransfer im Kontinuum" (vgl. Sell-Greiser 2005)

Die Diskussion um die Allmende und Common Goods und deren gemeinschaftliche Nutzung setzt Kooperationsfähigkeit und partizipative Handlungsansätze voraus. Wir brauchen Beteiligungsansätze als neuen Bildungsansatz, der spätestens in der Schule beginnt, um die Befähigung der Akteure/-innen, die Herausforderungen der Zukunft, wie z.B. den Erhalt der lebensnotwendigen Ressourcen, zu bewältigen. In diesem Sinne sei der Appell an alle Akteure/-innen in Kommunen und Regionen gerichtet, partizipative Ansätze mutig und mit der Bereitschaft, aus Fehlern für die Zukunft zu lernen, einzuleiten und neue Handlungsansätze gemeinschaftlich zu diskutieren.

Literatur

Böhm, B. (2012): Partizipation als Voraussetzung nachhaltiger Raumentwicklung? . Vortrag im Rahmen der Ringvorlesung „Nachhaltiges Flächenmanagement – Flächensparen, aber wie?" des Kompetenzzentrums für Raumforschung und Regionalentwicklung in der Region Hannover am 30.04.2012 an der Universität Hannover (unveröffentlicht)

Böhm, B., Lübbers, J. (2011) Samtgemeinde Barnstorf – Auf dem Weg zu einer nachhaltigen Bürger/-innenkommune. = eNewsletter Netzwerk Bürgerbeteiligung 01/2011

Böhm, B.; Holzförster, B.; Lübbers, J. (2011a): Konversion als Einstieg in ein nachhaltiges Flächenmanagement ¬. In: Bock, S.; Hinzen, A.; Libbe, J. (Hrsg.): Nachhaltiges Flächenmanagement – Ein Handbuch für die Praxis. Ergebnisse aus der REFINA Forschung. Berlin, S. 66-70

Böhm, B.; Holzförster, B.; Lübbers, J. (2011b): Beteiligung der Bevölkerung an Konversionsprozessen. In: Bock, S.; Hinzen, A.; Libbe, J. (Hrsg.): Nachhaltiges Flächenmanagement – Ein Handbuch für die Praxis. Ergebnisse aus der REFINA Forschung. Berlin, S. 150-154

Böhm, B. (2001): Umsetzung der lokalen Agenda 21 im ländlichen Raum mit Hilfe der Erkenntnis sozialer Selbstorganisation im komplexen Handlungsfeld kommunaler Entwicklung am Beispiel der Gemeinde Dörverden. Abschlussbericht i.r. eines Projektvorhabens der Deutschen Bundesstiftung Umwelt. Hannover.

Böhm, B.; Holzförster, B.; Krawczyk, O.; Meyer-Glubrecht, T.; Rasenack, K. (2009): Flächenmanagement im ländlichen Raum – oder wie kommt ein neues Thema auf die politische Agenda? Gläserne Konversion in Niedersachsen. In: Bock, S.; Hinzen, A.; Libbe, J. (Hrsg.) Nachhaltiges Flächenmanagement – in der Praxis erfolgreich kommunizieren -Ansätze und Beispiele aus dem Förderschwerpunkt REFINA. Berlin, S. 109 - 118 = Beiträge aus der REFINA-Forschung, Reihe REFINA Band IV.

Helfrich, S.; Kuhlen, R.; Sachs, W.; Siefkes, C. (2009): Gemeingüter - Wohlstand durch Teilen. Berlin.

Hüther, G. (2010): Onto-Genese der Humanität. Neurobiologische Einsichten in die Bildung zum Menschen. In: Rüsen, J. (Hrsg.): Perspektiven der Humanität. Menschsein im Diskurs der Disziplinen. Bielefeld. S. 59-91

Habermas, J. (1981): Theorie des kommunikativen Handelns. Band 1 und 2. Frankfurt am Main.

Negt, A.; Kluge, A. (1992): Maßverhältnisse des Politischen. 15 Vorschläge zum Unterscheidungsvermögen. Frankfurt a. M.

Nolte, P. (2011): Von der Repräsentativen zur multiplen Demokratie. In: Bundeszentrale für politische Bildung. In: Aus Politik und Zeitgeschichte, 1-2/2011, S. 5-12

Oelschlägel, D. (2011): Gemeinwesenarbeit als Schnittstelle theoretischer Diskussionen. http://www.stadtteilarbeit.de/theorie-gwa/grundlagen-gwa/334-gwa-schnittstelle-diskussionen.html (3.4.2012).

Poferl, A.; Schilling, K.; Brand, K.-W. (1997): Umweltbewusstsein und Alltagshandeln. Eine empirische Untersuchung sozial-kultureller Orientierungen. Opladen.

Rat für Nachhaltige Entwicklung (2004). Mehr Wert für die Fläche: Das „Ziel-30-ha" für die Nachhaltigkeit in Stadt und Land. Empfehlungen des Rates für Nachhaltige Entwicklung an die Bundesregierung. Berlin = texte Nr. 11.

Sell-Greiser, C. (2005). Tourismus und Naturschutz, Partizipation zur Konfliktvermeidung im integrierten Küstenzonenmanagement. In Glaeser, B. (Hrsg.): Küste, Ökologie und Mensch. Integriertes Küstenzonenmanagement als Instrument nachhaltiger Entwicklung. München, S. 203-218 = Humanökologie, Band 2.

Sellnow, Reinhard (2008): Die mit den Problemen spielen... Ratgeber zur kreativen Problemlösung. = Arbeitshilfen für Selbsthilfe und Bürgerinitiativen (10), Bonn.

Stiftung Mitarbeit (o.J.): Denk-Muster. http://www.buergergesellschaft.de/praxishilfen/kreativitaetstechniken/der-einzelne/denk-muster/103885/ (26.03.2012).

Willinger, S. (2011): Partizipation. Stadtentwicklung mit multiplen Öffentlichkeiten, In: RaumPlanung (156/157), S. 156-161.

Anja Brauckmann, Rainer Danielzyk und Andrea Dittrich-Wesbuer

Kosten-Nutzen-Struktur von Siedlungsgebieten aus kommunaler und regionaler Sicht: regionale Auswirkungen von Wohn- und Gewerbeprojekten auf dem Prüfstand

Inhalt

1 Einleitung: Bedeutungsgewinn von Kostenbetrachtungen
2 Flächennutzung unter den Vorzeichen des demografischen Wandels
3 Einwohnerentwicklung und Kosten der Infrastruktur
4 Relevanz von und erste Erfahrungen mit Kosten-Nutzen-Betrachtungen in den Kommunen
5 Von der kommunalen zur regionalen Perspektive – Aktuelle Weiterentwicklungen von Kostenrechnern
6 Fazit

1 Einleitung: Bedeutungsgewinn von Kostenbetrachtungen

Die Betrachtung der Kosten und Nutzen der Siedlungsentwicklung hat in den letzten Jahren erheblich an Aufmerksamkeit gewonnen. Während sich die Diskussion über die Folgen der Flächennutzung lange Zeit stärker auf ökologische, verkehrliche oder allgemein stadtentwicklungsplanerische Aspekte konzentrierte, wird inzwischen immer häufiger eine Darlegung der Folgekosten gefordert. Zwar sind ökonomische Analysen der Siedlungsentwicklung kein grundsätzlich neues Feld, erstmals liegt der Fokus aber auf einer möglichst umfassenden Ermittlung und Darstellung der konkreten fiskalischen Effekte von Siedlungsvorhaben in der Planungspraxis. Vor allem die Entwicklung von EDV-gestützten Werkzeugen zur Betrachtung der Kosten und Nutzen der Flächenentwicklung (im Folgenden vereinfacht als „Kostenrechner" bezeichnet) wurde in den letzten Jahren deutlich vorangetrieben und wird von unterschiedlichen Akteuren mit großem Interesse verfolgt (vgl. hierzu auch Dittrich-Wesbuer 2011 und grundsätzlich Danielzyk et al. 2010). Mit diesem Beitrag sollen der Sachstand und die aktuellen Tendenzen der Diskussion vorgestellt werden. Ausgangspunkt der Ausführungen sind konkrete Erfahrungen der Autoren aus vergangenen und laufenden Forschungsprojekten des Instituts für Landes- und Stadtentwicklungsforschung (ILS) (u.a. LEAN^2, RegioProjektCheck – siehe www.ils-forschung.de).

Zunächst aber soll die Frage beleuchtet werden, was zu diesem Bedeutungsgewinn der Kostenrechner geführt hat. Dies kann zunächst auch als ein Ausdruck für den zeitgenössischen Wandel in Planung und Politik gewertet werden, der durch einen generellen Bedeutungsgewinn ökonomischer Betrachtungen und Handlungsansätze gekennzeichnet ist (Stichwort „Ökonomisierung der Planung" (vgl. Häußermann et al. 2007)). Hinzu kommt, dass Ansätze staatlicher Regulierung zur Begrenzung der weiteren Flächeninanspruchnahme und zur Lenkung der Siedlungsentwicklung in verträglichere Bahnen bislang wenig Wirkung gezeigt haben. Je weiter die Umsetzung des 30-ha-Ziels der Bundesregierung in die Ferne rückt, desto stärker werden die Bemühungen, durch gute ökonomische Argumente doch noch ein gewisses Umsteuern in der Praxis zu erreichen. Unterstützt von Forschungsarbeiten, die die Möglichkeiten der Kostenersparnis durch eine integrierte und flächensparende Siedlungsentwicklung hervorheben, ist die „Kostentransparenz" eines der zentralen Schlagworte in der derzeitigen flächenpolitischen Diskussion (vgl. z.B. Preuß, Floeting 2009).

Das Interesse an Kostenbetrachtungen wird aber auch durch die Situation in der Planungspraxis der Kommunen und Regionen befördert. Die drastische Umbruchsituation im Zuge des demografischen Wandels stellt veränderte Anforderungen an die Siedlungsentwicklung, schafft – verstärkt durch die chronisch schlechte Haushaltssituation – starken Handlungsdruck und erhöht die Akzeptanz für eine an Kosteneffizienz orientierte Flächenentwicklung.

Vor diesem Hintergrund stellt der Beitrag deshalb eine Betrachtung des demografischen Wandels an den Anfang und beleuchtet die sich verändernden Rahmenbedingungen mit dem Fokus auf Nordrhein-Westfalen. Anschließend wird als Beispiel für Wirkungsabschätzungen kommunaler Siedlungsentwicklung das Instrument LEANkom vorgestellt und sein Einsatz in der Planungspraxis demonstriert. Der Beitrag schließt mit Überlegungen zu künftigen Entwicklungen in diesem Forschungsfeld, insbesondere zur Ausweitung der Betrachtungen auf die regionale Ebene.

2 Flächennutzung unter den Vorzeichen des demografischen Wandels

Die Entwicklung der Städte und Gemeinden wird zunehmend vom demografischen Wandel geprägt. Die darunter fallenden Teilprozesse Schrumpfung, Alterung, Internationalisierung und Individualisierung wirken sich dabei unmittelbar und mittelbar auf die Flächennutzung in den Kommunen aus. Ein wesentliches Merkmal des demografischen Wandels ist die räumliche Heterogenität der Entwicklungen, d.h. der zeitliche Verlauf wie auch die Intensität der einzelnen Teilprozesse gestalten sich regional und lokal sehr unterschiedlich (vgl. ILS NRW 2007).

Der Rückgang der Bevölkerung findet dabei in der Öffentlichkeit besondere Beachtung. Vielerorts fällt es Stadtplanern und Kommunalpolitikern noch schwer, die möglicherweise dauerhafte Abkehr vom Wachstumspfad zu akzeptieren. Abbildung 1 veranschaulicht für Nordrhein-Westfalen, dass Schrumpfung ein weit verbreitetes Phänomen ist. Während noch 1995 nur in einem kleinen Teil der Gemeinden Bevölkerungsverluste gegenüber dem Vorjahr zu verzeichnen waren, ist 2007 die weit überwiegende Mehrheit von Schrumpfung betroffen. Bemerkenswert ist dabei, dass diese Tendenz auch mittlere und kleine Städte im Umland der Ballungsräume sowie ländliche Regionen einschließt. Damit sind genau die Räume betroffen, die lange Zeit mit großer Selbstverständlichkeit auf dem Wachstumspfad waren.

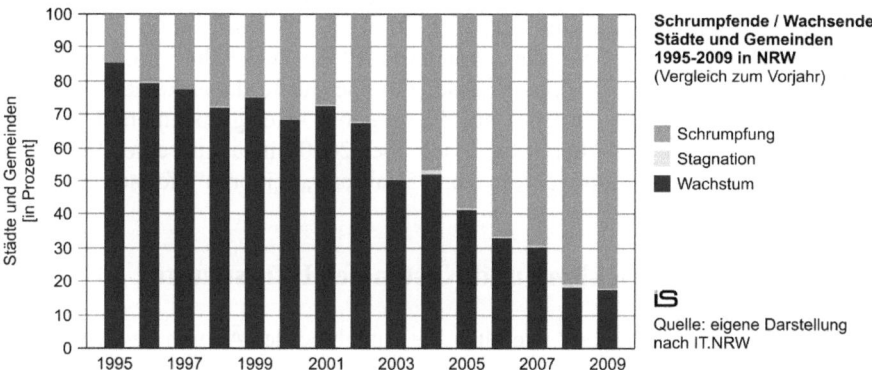

Abb. 1: Schrumpfende und wachsende Städte und Gemeinden in Nordrhein-Westfalen (Quelle: Dittrich-Wesbuer et al. 2010: 3)

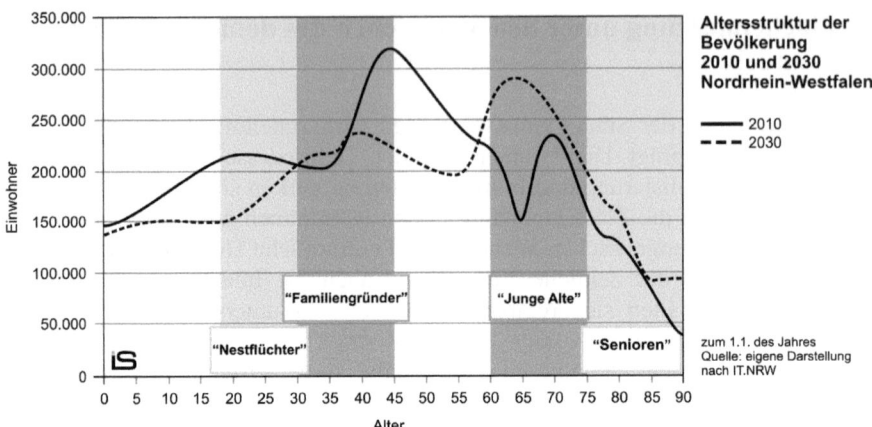

Abb. 2: Altersstruktur der Bevölkerung in Nordrhein-Westfalen in 2010 und 2030 (Quelle: Dittrich-Wesbuer et al. 2010: 3, verändert)

Neben dem Rückgang ist die Alterung der Bevölkerung das prägnanteste Merkmal des demografischen Wandels. Auch wenn die Intensität und die zeitliche Dynamik räumlich sehr unterschiedlich ausgeprägt sind, werden erste Konsequenzen des Alterungsprozesses in vielen Städten bereits spürbar. Hauptauslöser sind die geburtenstarken Jahrgänge der 1960er, die unvermeidlich „in die Jahre" kommen und eine starke Veränderung der Altersstruktur der Bevölkerung verursachen. Abbildung 2 zeigt im Vergleich 2010 zu 2030 anschaulich die zunehmende Alterung am Beispiel der „Wanderdüne" der Haushalte im heutigen Familienalter. Der starke Rückgang dieser Gruppe dürfte dabei keinesfalls 2030 abgeschlossen sein, wie ein Blick auf die jüngeren Altersgruppen erahnen lässt. Auch die Zunahme der Älteren wird sich über 2030 hinaus mit einer Verschiebung zugunsten der Gruppe jenseits von 75 Jahren („Senioren") fortsetzen.

3 Einwohnerentwicklung und Kosten der Infrastruktur

Der Rückgang der Familien wie auch die Zunahme der Älteren bewirken eine deutliche Veränderung der Nachfragesituation auf den Wohnungsmärkten, die vor allem durch eine Verringerung der Haushaltsgrößen und Diversifikation gekennzeichnet ist. Dabei nehmen auch andere Prozesse des demografischen Wandels Einfluss. Auch wenn die konkreten Auswirkungen der Internationalisierung, vor allem aber der Individualisierung der Bevölkerung auf die Wohnungsnachfrage nur begrenzt prognostizierbar sind, werden beide Tendenzen sicher zur Auffächerung der Nachfrage nach Wohnraum und Flächen beitragen.

Die Folgen des regional und lokal mit beträchtlichen Unterschieden verlaufenden Rückganges der Nachfrage in klassischen Segmenten wie den Einfamilienhäusern werden auf der Angebotsseite durch die zunehmende Anzahl der zum Verkauf anstehenden Objekte verstärkt. Bereits heute klagen auch westdeutsche Städte und Gemeinden über erste Leerstände in Einfamilienhausgebieten der 1960er und 1970er Jahre. Dabei geht es nicht nur um ein bestehendes oder drohendes Überangebot durch den Rückgang entsprechender Nachfragegruppen. Vielmehr zeichnet sich ab, dass die Gebäude und auch die Ausstattung der Quartiere den geänderten Ansprüchen der Nachfrager zum Teil nicht mehr genügen (vgl. u. a. Iwanow 2008; Wüstenrot-Stiftung 2012). In der Folge bleibt der zum Erhalt von Siedlungsbeständen notwendige Generationswechsel aus; Leerstände und Überalterung der verbleibenden Wohnbevölkerung verschlechtern die Attraktivität der Gebiete, was sich wiederum ungünstig auf die Nachfrage auswirkt.

Für die Kommunen ist nicht nur das schlechte Image derartiger Wohngebiete ein Problem. Aus der Perspektive der kommunalen Haushalte wird vielmehr die Unterhaltung der Infrastrukturen zunehmend schwierig. So erweisen sich die mit hoher Zentralität angelegten technischen Netze als unflexibel und zeigen hohe Remanenzkosten. Hinzu kommt der altersbedingte Erneuerungsbedarf, der gerade in den Siedlungsgebieten der 1960er und 1970er Jahre derzeit verstärkt auftritt.

Ein prägnantes Beispiel für die Kostenrelevanz des demografischen Wandels ist die Abwasserentsorgung, die lange Zeit als „verborgener" Teil des Siedlungsgefüges wenig Beachtung fand (vgl. Moss 2008). Geändertes Verbraucherverhalten, die bis heute anhaltende Erhöhung der Leitungslängen durch Entdichtung sowie technische Veränderungen (z. B. Umstellung auf Trennsysteme) machen das System anfällig für Nachfragerückgänge (vgl. Koziol 2008). Die Brisanz dieser Entwicklung zeigen aktuelle Modellrechnungen des ILS am Beispiel von Iserlohn (NRW). In einer Untersuchung verschiedener Wohn- und Gewerbegebiete in der von Bevölkerungsrückgängen betroffenen Stadt Iserlohn konnte gezeigt werden, dass unter der Annahme einer einfachen Trendfortsetzung in den nächsten 20 Jahren mit erheblichen kostenwirksamen Folgeeffekten durch die Verringerung der Schmutzwassermenge gerechnet werden muss (vgl. Dittrich-Wesbuer et al. 2009).

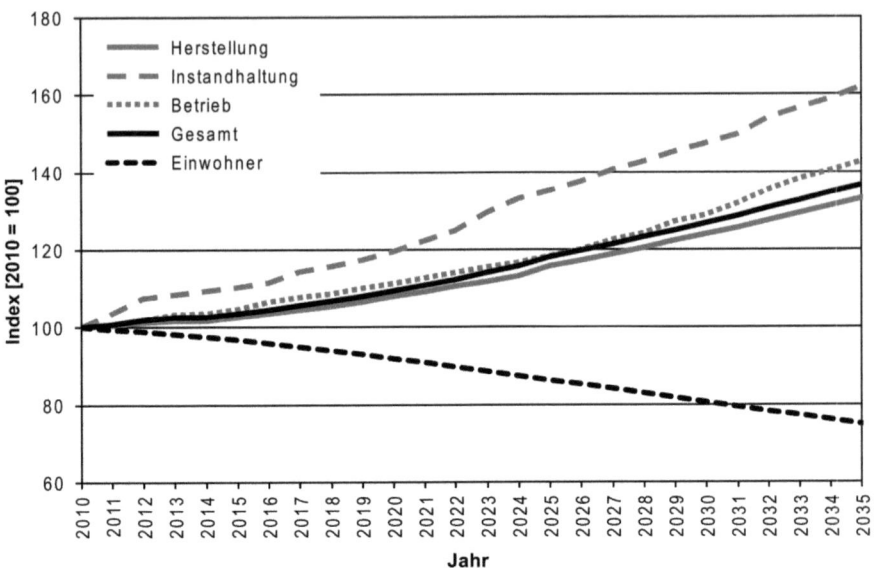

Abb. 3: Jährliche Kosten für die Entwässerung je Einwohner in einem Beispielgebiet in Iserlohn (Quelle: Dittrich-Wesbuer 2011, verändert)

Die entstehenden Folgekosten müssen an die Nutzer weitergegeben werden. Die in Abbildung 3 vorgenommene Pro-Kopf-Darstellung verdeutlicht dabei ein Grundproblem der demografischen Entwicklung: Immer weniger Einwohner können zur Kostenanlastung herangezogen werden. Die Steigerung der Gesamtkosten der Abwasserinfrastruktur erreicht in dem Beispielgebiet in Iserlohn bei Pro-Kopf-Betrachtung mit etwa 40% in den nächsten beiden Jahrzehnten eine immense Größenordnung. Diese „demografische Kostenfalle" dürfte auch in einer gesamtstädtischen Sichtweise eine erhebliche Relevanz haben, da viele weitere Wohngebiete ähnliche Problemlagen aufweisen. Die Preissteigerungen belasten die Kommunen in doppelter Weise: Zum einen sind sie für die Entwässerung öffentlicher Flächen selbst Gebührenzahler, zum anderen gefährden steigende Nebenkosten als „zweite Miete" die Attraktivität von Städten als Wohnstandort.

Ein weiteres Infrastruktursystem mit erheblichen Kosteneffekten ist die soziale Infrastruktur. Vor allem die Schulen und Kindergärten, die zu wesentlichen Teilen in der Finanzierungslast der Kommunen liegen, tragen beträchtlich zum hohen Ausgabenbedarf der Städte und Gemeinden für ihre Einwohner bei (vgl. Seitz 2007). Zwar sind die Eingriffsmöglichkeiten der Kommunen bei konkreten oder drohenden Nachfragerückgängen hier grundsätzlich größer, Schließungen und Zusammenlegungen von Standorten sind aber von großer kommunalpoliti-

Kosten-Nutzen-Struktur von Siedlungsgebieten 65

scher Brisanz und vielerorts kaum durchsetzbar. Zudem sind spürbare Einsparungseffekte durch die derzeit bestehenden Investitionserfordernisse (Instandhaltung, erhöhte Anforderungen durch veränderte Betreuungs-/Schulbedarfe usw.) zumindest kurzfristig kaum erzielbar. Vor allem Schulen weisen hohe Remanenzkosten auf und belasten den Haushalt der Kommunen bei Bevölkerungsrückgängen langfristig (vgl. BMVBS, BBR 2007). Gleichzeitig sind Betreuungs- und Schulangebote ein wesentlicher – und in der Bedeutung tendenziell zunehmender – Faktor für die Attraktivität von Städten. Dieses Beispiel zeigt auch die Grenzen einer rein an Kostengesichtspunkten orientierten Planung.

4 Relevanz von und erste Erfahrungen mit Kosten-Nutzen-Betrachtungen in den Kommunen

Die Vermeidung der geschilderten Fehlentwicklungen in der Infrastruktur und die Bewusstmachung von entstehenden kurz-, mittel- und langfristigen Folgekosten sind zentrale Ansatzpunkte der aktuellen Werkzeuge zur Kostenbetrachtung in der Planungspraxis. Die Planungs- und Entscheidungsträger sollen damit in die Lage versetzt werden, eine fundierte Abschätzung der fiskalischen Effekte von Baugebieten vorzunehmen – und dadurch zu einer ökonomisch nachhaltigen Siedlungsentwicklung angeregt werden.

Die Konzeption von Werkzeugen für die Planungspraxis entwickelt sich in Deutschland, aber auch in Österreich und der Schweiz seit etwa 10 Jahren äußerst dynamisch. In Deutschland konnten dabei Neu- und Weiterentwicklungen vor allem über Projekte im REFINA-Programm des BMBF realisiert werden (vgl. Preuß, Floeting 2009). Inzwischen existiert rund ein halbes Dutzend anwendungsreife Kostenrechner (vgl. Abb. 4).

- **fokos bw: Wirtschaftlichkeit von Wohnsiedlungsprojekten**
  www.fokosbw.de
- **FolgekostenSimulator und FolgekostenSchätzer**
  www.was-kostet-mein-baugebiet.de
- **LEANkom – fiskalische Wirkungsabschätzung von Wohngebietsentwicklungen**
  www.mit-zukunft-rechnen.de
- **FIN.30 – Flächen Intelligent Nutzen**
  www.fin30.uni-bonn.de
- **Regionales Portfoliomanagement**
  www.rpm.rwth-aachen.de; www.empirica-institut.de
- **Energieausweis für Siedlungen**
  www.energieausweis-siedlungen.at
- **RGB-Simulator: Raumplanung, Bevölkerungsdynamik u. Gemeindefinanzen**
  www.hslu.ch/w-ibr-forschung-entwicklung-rbg-simulator

Abb. 4: Kostenrechner für die Planungspraxis (Quelle: eigene Darstellung)

Die Werkzeuge weisen einige Gemeinsamkeiten auf, setzen jedoch jeweils eigene Schwerpunkte und sind durch unterschiedliche Zugänglichkeiten charakterisiert. So existieren zum einen Internettools, die plakativ gestaltet wurden und kostenfrei genutzt oder als Excel-Version heruntergeladen werden können. Andere Werkzeuge können als Software bei privaten Planungs- und Ingenieurbüros erworben oder als einmalige Berechnung im Rahmen von Planungsgutachten genutzt werden. Entsprechend unterschiedlich gestaltet sich die inhaltliche Breite. Die Spannbreite reicht von einer pauschalen Vorausberechnung der inneren Erschließung bis hin zu komplexen Modellierungen der kommunalen Einnahmen und der Folgeeffekte auf die soziale Infrastruktur, wie dies beispielsweise vom Kostenrechner LEANkom (vgl. Beilein et al. 2009) vorgenommen wird (vgl. Abb. 5).

Gebietserschließung	Folgeeinrichtungen
• Innere u. äußere Verkehrserschließung • Frei- und Ausgleichsflächen • Abwasserentsorgung • Planungskosten	• Kinderbetreuungseinrichtungen • Grundschulen • ÖPNV • Schülerbeförderung

Bauland & Finanzierung	Einnahmen
• Baulandmodell • Umlegung • Angebotsplanung • Zwischenerwerb • Investorenvertrag • Finanzierungskosten	• Grundsteuer A • Grundsteuer B • Einkommensteuer • Schlüsselzuweisungen • Kreisumlage

Abb. 5: Inhalte des Kostenrechners LEANkom (REFINA-Projekt LEAN²) (Quelle: Beilein et al. 2009: 108)

Welche Ergebnisse zeigen die Kostenbetrachtungen in den Kommunen? Wird durch die stärkere Offenlegung der fiskalischen Effekte eine nachhaltige, flächensparende Siedlungsentwicklung gefördert? Diese wichtigen Fragen aus der Diskussion um die Kostenrechner müssen aus den bisher vorliegenden Erfahrungen differenziert beantwortet werden (vgl. Abb. 6).

So bestätigen die Ergebnisse auf der einen Seite bekannte bzw. vermutete Zusammenhänge, wie etwa den Einfluss der Bebauungsdichte auf die Kosten für die Erschließung eines neuen Wohnbaugebietes oder die hohe Bedeutung der kommunalen Folgekosten, die vor allem bei flächenintensiven größeren Projekten die Herstellungskosten vielfach deutlich übersteigen. Dies bestätigt die These, nach der eine flächensparende Siedlungsentwicklung mittel- und langfristig der kostengünstigere Entwicklungspfad ist. Auf der anderen Seite wurde auch deutlich, dass die ermittelbaren Kosten und Nutzen der Siedlungsentwicklung von den spezifischen Bedingungen des Einzelfalls abhängen. Dies zeigt sich beispielsweise im Vergleich von Innen- und Außenentwicklungen. Trotz gewisser Vorteile insbesondere von kleineren Projekten im Siedlungsbestand konnte hier kein allgemeingültiger Kostenvorteil der Innenentwicklung herausgearbeitet werden, was u.a. in erforderlichen Anpassungs- und Aufbereitungsmaßnahmen bei diesen Flächen begründet liegt. Auch im Bereich des Nutzens zeigen die Analysen, dass selbst innerhalb einer Kommune starke Schwankungen der kommunalen Einnahmen zwischen einzelnen Baugebieten auftreten können und pauschale Annahmen („ein Baugebiet lohnt sich immer") deshalb leicht zu Fehleinschätzungen führen.

Dichte
Doppelte Dichte = Halbe Kosten
Siedlungsstrukturelle Merkmale wie die Dichte bestimmen den Flächenaufwand und die Kosten für die innere Erschließung eines Wohngebietes.

Lage
Lagegunst heißt Kostengunst
Gut integrierte Standorte verringern den Flächenaufwand sowie die Kosten für die äußere Erschließung. Besonders deutlich wird dies bei kleineren Wohngebieten.

Folgekosten
Kostenfalle Folgekosten
Im Vergleich zu den Herstellungskosten werden die Folgekosten eines Wohngebietes eher vernachlässigt, obwohl sie für eine Kommune in vielen Fällen sogar bedeutsamer sind.

Nutzen
Keine pauschalen Aussagen zum fiskalischen Nutzen
Pauschale Annahmen zu den zusätzlichen Einnahmen einer Gemeinde durch ein neues Wohngebiet werden den komplexen Mechanismen des kommunalen Finanzsystems nicht gerecht.

Abb. 6: Folgeeffekte von Wohnsiedlungsentwicklungen - Erfahrungen aus dem Einsatz von Kostenrechnern (Quelle: eigene Darstellung)

Insgesamt zeigt sich damit, wie bedeutsam eine genaue und fallspezifische Betrachtung von Folgeeffekten der Wohnsiedlungsentwicklung und deren Einspeisung in den Abwägungsprozess ist. Die ersten Erfahrungen aus Modellvorhaben und Praxistests zeigen in diesem Zusammenhang deutlich, dass Siedlungsplanung vielen und zum Teil konkurrierenden Anforderungen gerecht werden muss. Der Einsatz von Kostenwerkzeugen wurde von den beteiligten Kommunen bisher als gutes Hilfsmittel angesehen, mehr Transparenz in die Debatte um Baugebietsausweisungen zu bringen. Gleichzeitig wird von den kommunalen Planungs- und Entscheidungsträgern betont, dass andere maßgebliche Faktoren – etwa soziale Verträglichkeit von Wohngebieten und die städtebauliche Gestaltung – gleichrangige Abwägungsbelange darstellen (vgl. Jöne, Klemme 2009).

5 Von der kommunalen zur regionalen Perspektive – Aktuelle Weiterentwicklungen von Kostenrechnern

Die Diskussion um die Transparenz der Folgekosten der Siedlungsentwicklung und die Entwicklung von Kostenrechnern ist trotz einiger Fortschritte nicht abgeschlossen. Dies betrifft zum einen die Optimierung bestehender Tools, zum anderen aber auch die grundlegende Weiterentwicklung von Ansätzen.

Eine besondere Bedeutung kommt in diesem Zusammenhang der Erweiterung der Betrachtung von der kommunalen auf die regionale Perspektive zu, die bislang nur in einzelnen wenigen Vorhaben und Grundsatzarbeiten thematisiert wurde (z.B. Siedentop et al. 2006; Projekt „Regionales Portfoliomanagement" – s. Abb. 4, Vallée et al. 2012). Kerngedanke dieser Betrachtung ist, dass die Siedlungsentwicklungen in einzelnen Kommunen über Wanderungsströme, Pendlerverflechtungen oder Kaufkraftzu- und -abflüsse direkt miteinander verbunden sind und diese Verflechtungen die fiskalischen Effekte für jede einzelne Gemeinde beeinflussen. Die bisher erzielten Ergebnisse der kommunalen Kostenrechner stehen damit stets unter dem Vorbehalt der nicht betrachteten bzw. bekannten Folgeeffekte der überlokalen Siedlungsaktivitäten und Rahmenbedingungen.

Mit dem Projekt „RegioProjektCheck" soll diese Lücke geschlossen werden (siehe www.regioprojektcheck.de). Das Verbundvorhaben wird über das BMBF-Forschungsprogramm „Nachhaltiges Landmanagement" gefördert und soll Ende 2013 abgeschlossen sein. Ziel ist es, ein GIS-gestütztes Instrument zu entwickeln, mit dem die Folgewirkungen von geplanten größeren Siedlungsvorhaben im regionalen Kontext aufgezeigt werden können. Zielgruppe sind insbesondere regionale Akteure, beispielsweise die Regionalplanung, Kreise oder anderweitige Institutionen auf regionaler Ebene.

Gegenüber den bisher geschilderten Kostenrechnern behandelt RegioProjektCheck eine deutlich größere Bandbreite an Folgewirkungen von Siedlungsvorhaben. So werden in einzelnen Modulen sowohl Schadstoff- oder Lärmemissionen als auch ökologische Folgewirkungen durch die Flächeninanspruchnahme und Standortwahl sowie Wertveränderungen im Bestand analysiert. Auch Fragen zur sozialen Teilhabe und Erreichbarkeit werden – bislang einmalig – in das Tool einbezogen (vgl. Abb. 7).

Kosten-Nutzen-Struktur von Siedlungsgebieten

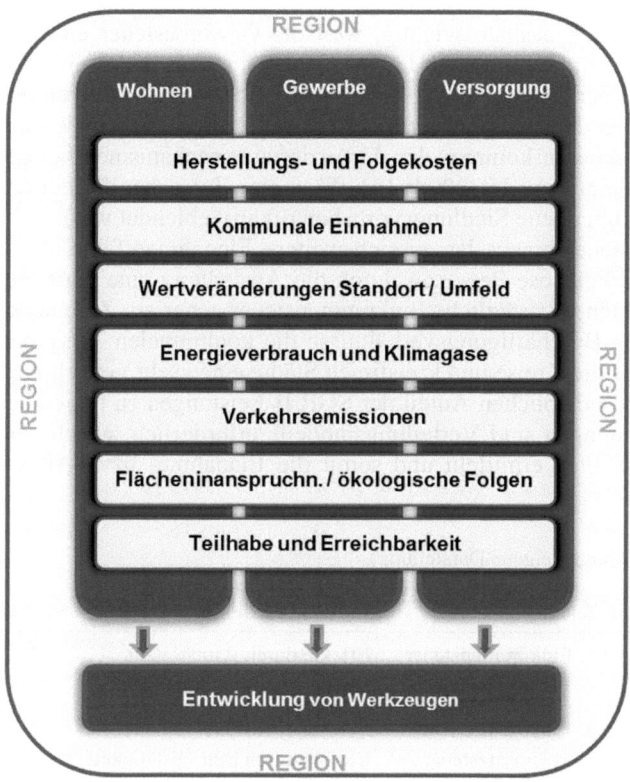

Abb. 7: Bausteine des Projektes RegioProjektCheck (Quelle: eigene Darstellung)

Die Betrachtung beschränkt sich nicht nur auf Wohnsiedlungsvorhaben, sondern bezieht Projekte in den Bereichen Gewerbe und Einzelhandel ein. Für die Instrumentenentwicklung liegt hier eine interessante Herausforderung, da bislang kaum Modelle bestehen, die Folgewirkungen dieser Vorhaben außerhalb von fachlichen Einzelgutachten abschätzen. Dies soll abschließend kurz am Beispiel der Einnahmen erläutert werden.

Während für den Bereich Wohnen bereits viele Vorarbeiten genutzt werden konnten, mussten die Modellierungsansätze für die Effekte von Gewerbegebieten und Einzelhandelsvorhaben neu entwickelt werden (vgl. Tabelle 1). Dies gilt vor allem für die Gewerbesteuer, die für die Gemeinden eine wichtige Einnahmequelle darstellt und in der kommunalen Diskussion dementsprechend eine gewichtige Rolle einnimmt. Allerdings schwankt das Aufkommen in den Gemeinden konjunkturbedingt stark, so dass eine Modellierung mit größeren Unsicherheiten verbunden ist, als dies bei anderen Steuereinnahmen – z.B. der Einkommensteuer – der Fall ist. Eine Darstellung in RegioProjektCheck ist trotz dieser Unsicherheiten auch deshalb wichtig, weil die Gewerbesteuer eine bedeutsame Stellschraube im kommunalen Finanzausgleich sowie (bei kreisangehörigen Gemeinden) in der Berechnung der Kreisumlage darstellt. So zeigen Berechnungen am Beispiel Nordrhein-Westfalens, dass letztlich nur ein kleiner Teil der Einnahmen nach den kommunalen Finanzierungsmechanismen bei der Kommune selbst verbleibt (vgl. Ifo 2008: 141 ff.) – eine Tatsache, die bei der Entscheidungsfindung über neue Siedlungsvorhaben oft ausgeblendet wird.

Über die Gewerbesteuer hinaus lassen sich weitere Einnahmeeffekte abbilden. Finden vormals arbeitslose Personen durch die Ansiedlung eine neue Beschäftigung, wird zum einen zusätzliche Einkommensteuer generiert. Zum anderen werden durch neue Beschäftigungsverhältnisse die kommunalen Ausgaben reduziert. Dies stellt für die Kreise und kreisfreien Städte einen sehr gewichtigen Faktor dar, da sie einen erheblichen Anteil der SGB II-Leistungen zu tragen haben. Für diese Berechnungen sind Verteilungsmodelle erforderlich, welche die Wohnorte der Beschäftigten ermitteln und somit die Einnahme- bzw. Ausgabeeffekte lokalisieren.

Tab. 1: Einnahmeeffekte (Quelle: eigene Darstellung)

Themenfeld	Direkte Effekte	Indirekte Effekte
Wohnen	Grundsteuer, Einkommensteuer Kommunaler Finanzausgleich	Effekte durch Bautätigkeit Minderausgaben SGB II
Gewerbe / Einzelhandel	Grundsteuer, Einkommensteuer Gewerbesteuer, Umsatzsteuer Minderausgaben SGB II Kommunaler Finanzausgleich	Effekte durch Bautätigkeit Effekte durch Betriebstätigkeit Minderausgaben SGB II

Abbildung 8 veranschaulicht das Prinzip der Einnahmeeffekte in der Region in einer stark abstrahierten Weise. Während eine Kommune (hier die Projektkommune) durch ein Vorhaben in der Summe Mehreinnahmen erzielen kann, können benachbarte Kommunen Mindereinnahmen verzeichnen. Bedingt werden diese Effekte durch interkommunale Verflechtungen und Reaktionen auf das Siedlungsvorhaben. Durch ein Wohnbauvorhaben können beispielsweise Wanderungsströme induziert werden, im gewerblichen Bereich können Betriebsverlagerungen oder -schließungen entstehen. In den bisherigen Modellrechnungen stellen sich diese Mechanismen als entscheidende Einflussfaktoren heraus: die Zuzugsquoten bei Wohnvorhaben und die Wohnorte der Beschäftigten beeinflussen die Effekte auf die kommunalen Einnahmen stark. Somit wird der Modellierung dieser Mechanismen in der aktuellen Arbeit ein besonderer Wert beigemessen.

Kosten-Nutzen-Struktur von Siedlungsgebieten 71

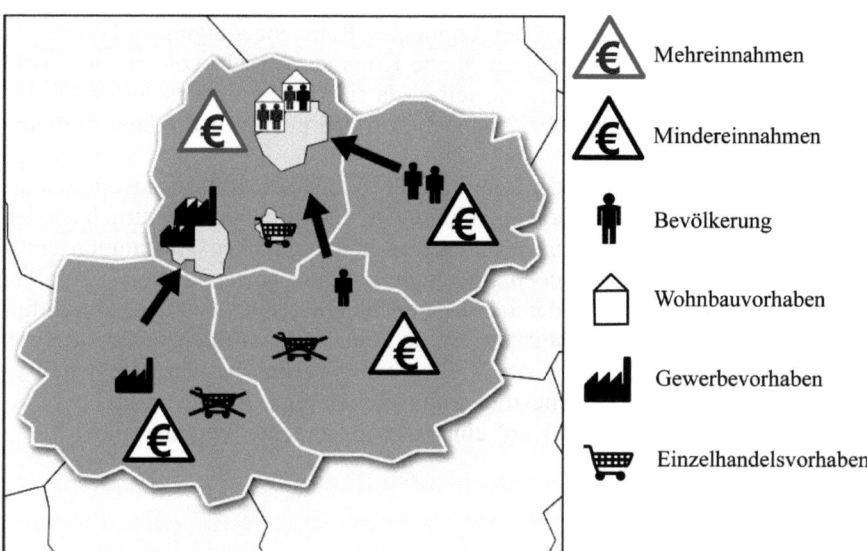

Abb. 8: Darstellung der Einnahmeeffekte von kommunalen Siedlungsvorhaben in den Nachbarkommunen (Quelle: Brauckmann 2012: 189)

In den Gesprächen mit den Anwenderregionen wurde deutlich, dass neben diesen direkten Effekten sowohl für den Bereich Wohnen, insbesondere aber für die Bereiche Gewerbe und Einzelhandel, weitere Effekte relevant sind (vgl. Tabelle 1). Dabei handelt es sich um Auswirkungen auf die regionale Wertschöpfung oder Konsum- und Beschäftigungseffekte, die in RegioProjektCheck als indirekte Effekte bezeichnet werden. Im Gegensatz zu den direkten Effekten schlagen sich diese Effekte auf die Region insgesamt nieder und lassen sich einzelnen Kommunen nicht zuordnen. Die Betrachtung der indirekten Effekte repräsentiert gegenüber den direkten Effekten einen volkswirtschaftlichen Ansatz und basiert im Wesentlichen auf zusätzlichen Nachfrageimpulsen, die mit regionalen Multiplikatoren (vgl. Kronenberg 2010; BMVBS 2011) verrechnet werden. Sie lassen sich in Effekte unterscheiden, die einerseits aus der Bautätigkeit und anderseits aus der Betriebstätigkeit resultieren. Während die Effekte aus der Bautätigkeit nur temporär für die Bauphase für alle Themenfelder modelliert werden, beschränkt sich die Modellierung der Effekte aus der Betriebstätigkeit auf die gewerblichen Themenfelder.

Die ermittelten Einnahmeeffekte müssen schließlich mit den kommunalen Ausgaben verrechnet werden, um eine bessere Einordnung der Wirkungen vornehmen zu können. Als ein Zwischenergebnis der ersten Modellrechnungen für gewerbliche Vorhaben kann festgehalten werden, dass nicht per se die Projektkommune positive Einnahmeeffekte erzielt, sondern diese in der Region weit streuen können. Abhängig von den regionalen Rahmenbedingungen könnten in fiskalischer Perspektive sogar benachbarte Kommunen mehr von einem Projekt profitieren als die Projektkommune selbst, da sie keine Folgekosten für die Infrastruktur zu tragen haben, aber dennoch von den positiven Effekten (Arbeitsplätze) profitieren.

Neben der Einbeziehung der kommunalen Ausgaben ist für das weitere Vorhaben die Betrachtung der anderen Wirkungsfelder interessant. Natürlich spielen finanzielle Fragestellungen in kommunalen und regionalen Abstimmungsprozessen eine wichtige Rolle, doch sind auch ökologische sowie soziale Aspekte von Belang. Auch in den anderen Wirkungsfeldern zeigen sich die Notwendigkeit einer regionalen Betrachtungsweise und einer sehr differenzierten Analyse. In RegioProjektCheck wird diese Vielfalt von Ergebnissen dargestellt und es werden somit die Entscheidungsträger hinsichtlich einer fundierten und transparenten Abwägung im Hinblick auf eine zukunftsgerechte Siedlungsentwicklung unterstützt.

6 Fazit

Die letzten Jahre haben gezeigt, dass von Seiten der kommunalen Praxis Bedarf an Werkzeugen zur Kostenbetrachtung besteht. Veränderte öffentliche Förderung, fortschreitende technische Möglichkeiten sowie der zunehmende Problemdruck auf Kommunen im Zeichen des demografischen Wandels haben hierzu entscheidend beigetragen. Die Bandbreite der inzwischen entwickelten Werkzeuge ist groß (vgl. Dittrich-Wesbuer, Osterhage 2010). Die Ansätze reichen von einer ersten Abschätzung von Erschließungskosten neuer Baugebiete im Internet bis hin zu komplexen Modellierungen der Auswirkungen auf die soziale Infrastruktur. Die Entwicklung dieser Kostenrechner ist noch nicht abgeschlossen und wird derzeit unter anderem mit erweiterten, regionalen Betrachtungen weitergeführt.

Es muss sich noch zeigen, ob sich das „Spielzeug für jedermann" oder das „Expertensystem", dessen Handhabung spezialisierten Planungsbüros überlassen bleibt, in der Planungspraxis durchsetzen wird. Ein Wettstreit guter Ideen ist gefragt, in dem auch unterschiedliche Lösungen mit spezifischen Einsatzmöglichkeiten – etwa zugeschnitten auf verschiedene Phasen und Akteure der Siedlungsplanung – ihren dauerhaften Platz finden können.

Die Investitions- und Folgekosten von Baugebieten sind ein bedeutsamer Abwägungsbelang, der in der Vergangenheit vielfach vernachlässigt oder wenig differenziert behandelt wurde. Dabei muss betont werden, dass nicht die einseitige Beeinflussung von Flächenentscheidungen in Richtung einer „Ökonomisierung der Planung" (Häußermann et al. 2007), sondern die Qualifizierung eines nachhaltigen kommunalen Flächenmanagements Ziel der Entwicklung sein muss. Allerdings reichen die bisherigen Erfahrungen noch nicht aus, um die konkreten Auswirkungen und die Tragweite der „neuen Generation" von Kostenbetrachtungen im Planungs- und Entscheidungsprozess der Siedlungsentwicklung fundiert zu beurteilen.

Literatur

Beilein, A.; Dittrich-Wesbuer, A.; Frehn, M.; Klemme, M.; Krause-Junk, K.; Osterhage, F. et al. (2009): LEANkom - Ein Softwaretool zur Darstellung der fiskalischen Auswirkungen lokaler Wohnsiedlungsentwicklung. In: Preuß, T.; Floeting, H. (Hrsg.): Folgekosten der Siedlungsentwicklung. Bewertungsansätze, Modelle und Werkzeuge der Kosten-Nutzen-Betrachtung. = Reihe REFINA, 3. Berlin, S. 106-117.

BMVBS – Bundesministerium für Verkehr, Bau und Stadtentwicklung (Hrsg.) (2011): Multiplikator- und Beschäftigungseffekte von Bauinvestitionen. = BMVBS-Online-Publikation 20/2011. http://www.bbsr.bund.de/cln_032/nn_629248/BBSR/DE/Veroeffentlichungen/BMVBS/Online/2011/DL__ON202011,templateId=raw,property =publicationFile.pdf/DL_ON202011.pdf (12.02.2013).

BMVBS – Bundesministerium für Verkehr, Bau und Stadtentwicklung; BBR – Bundesamt für Bauwesen und Raumordnung (Hrsg.) (2007): Die demografische Entwicklung in Ostdeutschland und ihre Auswirkungen auf die öffentlichen Finanzen. = Schriftenreihe Forschungen, 128. Bonn.

Brauckmann, A. (2012): Regionale Auswirkungen der Siedlungsentwicklung - Ansätze zur Modellierung des fiskalischen Nutzens. In: Growe, A.; Heider, K.; Lamker, C.; Paßlick, S.; Terfrüchte, T. (Hrsg.): Polyzentrale Stadtregionen – Die Region als planerischer Handlungsraum. = Arbeitsberichte der ARL, 3. Hannover, S. 183-193.

Danielzyk, R.; Dittrich-Wesbuer, A.; Osterhage, F. (Hrsg.) (2010): Die finanzielle Seite der Raumentwicklung. Auf dem Weg zu effizienten Siedlungsstrukturen?. Essen.

Dittrich-Wesbuer, A.; Mayr, A.; Osterhage, F. (2010): Demografischer Wandel, Siedlungsentwicklung und kommunale Finanzen. = ILS-Trends, 2/10. Dortmund.

Dittrich-Wesbuer, A.; Osterhage, F. (2010): Kosteneffiziente Siedlungsentwicklung als Zukunftsaufgabe. Neue Werkzeuge für die Planungspraxis. In: Danielzyk, R.; Dittrich-Wesbuer, A.; Osterhage, F. (Hrsg.) (2010): Die finanzielle Seite der Raumentwicklung. Auf dem Weg zu effizienten Siedlungsstrukturen?. Essen, S. 225-247.

Dittrich-Wesbuer, A.; Rusche, K.; Frehn, M.; Tack, A. (2009): Stadtumbau und Infrastruktursysteme in Nordrhein-Westfalen. Wege der kosteneffizienten Anpassung des Bestandes. Dortmund.

Dittrich-Wesbuer, A. (2011): ...auch an die Kosten denken! Baugebiete auf dem Prüfstand. In: ZALF - Leibniz-Zentrum für Agrarlandschaftsforschung e. V. (Hrsg.): Flächenmanagement und Flächenrecycling in Umbruchregionen. Berlin, Münster.

Häußermann, H.; Läpple, D.; Siebel, W. (2007): Stadtpolitik. Frankfurt am Main.

ILS NRW (Hrsg.) (2007): Demographischer Wandel in Nordrhein-Westfalen. = ILS NRW-Schriften, 203. Dortmund.

Ifo - Institut für Wirtschaftsforschung (2008): Analyse und Weiterentwicklung des Kommunalen Finanzausgleichs in Nordrhein-Westfalen. Gutachten im Auftrag des Innenministeriums des Landes Nordrhein-Westfalen. München.

Iwanow, I. (Hrsg.) (2008): Struktureller Wandel der Wohnungsnachfrage in schrumpfenden Städten und Regionen – Analyse und Prognose von Wohnpräferenzen, Neubaupotenzialen und Wohnungsleerständen. Berlin.

Jöne, B.; Klemme, M. (2009): Vorstellungen, Anforderungen und Möglichkeiten aus Anwendersicht am Beispiel von LEANkom. In: Preuß, T.; Floeting, H. (Hrsg.) (2009): Folgekosten der Siedlungsentwicklung. Bewertungsansätze, Modelle und Werkzeuge der Kosten-Nutzen-Betrachtung. = Reihe REFINA, 3. Berlin, S. 118-132

Koziol, M. (2008): Räumliche Differenzierung der Infrastrukturversorgung. Chancen und Restriktionen im Rahmen des Stadtumbaus. In: Moss, T.; Naumann, M.; Wissen, M. (Hrsg.): Infrastrukturnetze und Raumentwicklung. Reihe sozial-ökologische Forschung. München.

Kronenberg, T. (2010): Erstellung einer Input-Output-Tabelle für Mecklenburg-Vorpommern. In: AStA Wirtschafts- und Sozialstatistisches Archiv 4 (3), S. 223-248.

Moss, T. (2008): "Cold spots" stadttechnischer Systeme. Herausforderungen für das moderne Infrastrukturideal in schrumpfenden ostdeutschen Regionen. In: Moss, T.; Naumann, M.; Wissen, M. (Hrsg.): Infrastrukturnetze und Raumentwicklung. = Reihe sozial-ökologische Forschung. München.

Preuß, T.; Floeting, H. (Hrsg.) (2009): Folgekosten der Siedlungsentwicklung. Bewertungsansätze, Modelle und Werkzeuge der Kosten-Nutzen-Betrachtung. = Reihe REFINA, 3. Berlin.

Seitz, H. (2007): Kommunalfinanzen in Ost- und Westdeutschland. Eine Bestandsaufnahme und Analyse unter Beachtung der demographischen Entwicklungstrends. Arbeitsversion zum Kommunalkongress 2007. Gütersloh.

Siedentop, S.; Schiller, G.; Koziol, M.; Walther, J.; Gutsche, J.-M. (2006): Infrastrukturkostenrechnung in der Regionalplanung. Ein Leitfaden zur Abschätzung der Folgekosten alternativer Bevölkerungs- und Siedlungsszenarien für soziale und technische Infrastrukturen. = Werkstatt: Praxis, Heft 43. Bonn.

Vallée, D.; Blotevogel, H. H.; Danielzyk, R.; Diller, C.; Siedentop, S.; Wiechmann, T. (2012): Regionales Portfoliomanagement. Neue Instrumente zur Intensivierung des Brachflächenrecyclings. = Planungswissenschaftliche Studien zu Raumordnung und Regionalentwicklung, Detmold.

Wüstenrot-Stiftung (Hrsg.) (2012): Älter werden im Quartier. Neue Netzwerke – Aktive Teilhabe – Mehr Versorgungssicherheit. Ludwigsburg.

Stephanie Bock

Wege zum nachhaltigen Flächenmanagement – Themen, Projekte und Ergebnisse des BMBF Förderschwerpunktes REFINA

Inhalt

1 Aktuelle Flächeninanspruchnahme in Deutschland: (k)ein Anlass zur Entwarnung
2 Der Förderschwerpunkt REFINA: Ziele und Akteure
3 Themenschwerpunkte und ausgewählte Ergebnisse
4 REFINA: Ein Beitrag zu kommunalen Innovationen
5 Der nachhaltige Umgang mit Fläche bleibt eine Herausforderung

1 Aktuelle Flächeninanspruchnahme in Deutschland: (k)ein Anlass zur Entwarnung

Wachsende Einfamilienhausgebiete auf der Grünen Wiese, neu erschlossene Gewerbegebiete am Stadtrand und flächenintensive Infrastrukturprojekte wurden lange Zeit als vermeintliche Garanten für Wachstum und kommunalen Erfolg gedeutet. Die Endlichkeit der Ressource Boden war ebenso wie unlösbare Nutzungskonkurrenzen mit der Landwirtschaft einerseits und Natur- und Artenschutz andererseits kein prestigeträchtiges Thema und wurde – wenn überhaupt – nur als Randerscheinung betrachtet. Die fortgesetzte Neu-Inanspruchnahme von Boden und Fläche wurde als zwangsläufige und schwer zu beeinflussende Folge jeder kommunalen Entwicklung und im Vergleich zur zeit- und kostenaufwändigen Reaktivierung bereits vorgenutzter Altflächen als der einfachere und schnellere Weg der Siedlungsentwicklung wahrgenommen.

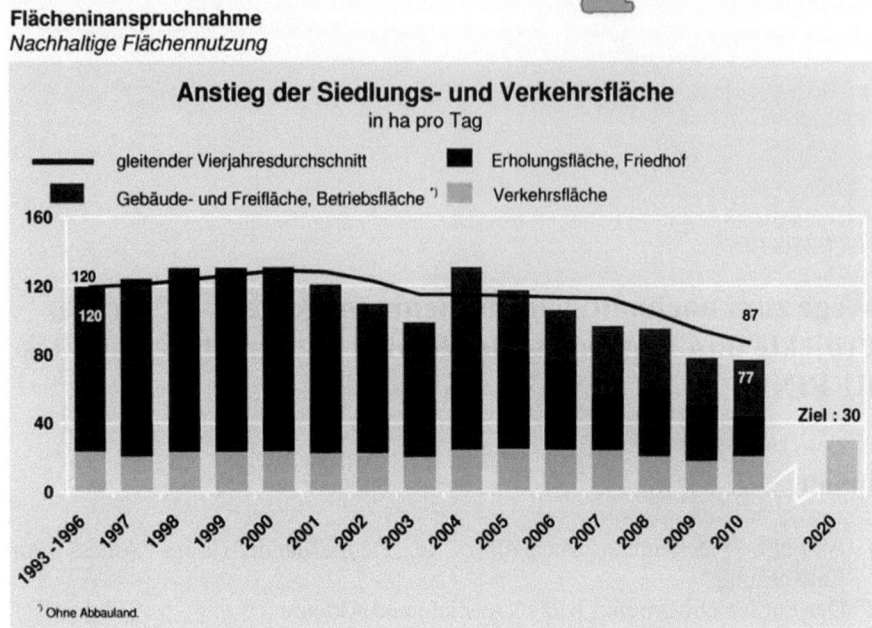

Abb. 1 Flächeninanspruchnahme für Siedlung und Verkehr (Quelle: Statistisches Bundesamt 2012)

Wie wenig sich daran bis heute geändert hat, verdeutlichen die jährlich veröffentlichten statistischen Zahlen zur Flächenneuinanspruchnahme für Siedlungs- und Verkehrszwecke. Bis heute hält die Flächeninanspruchnahme für Siedlungs- und Verkehrszwecke in Deutschland an, auch wenn in jüngster Zeit die Zuwachsraten etwas zurückgehen. In den Jahren 2006 bis 2009 nahm die Siedlungs- und Verkehrsfläche nach Angaben des Statistischen Bundesamtes um durchschnittlich 94 Hektar, d. h. etwa 134 Fußballfelder pro Tag zu. Dieser Wert ging im Zeitraum von 2007 bis 2010 auf 87 ha pro Tag zurück. Nach den Daten der Flächenerhebung wurden 2010 bundesweit noch 77 ha täglich neu in Anspruch genommen. Auch wenn bei diesen Zahlen Ungenauigkeiten zu berücksichtigen sind, da beispielsweise 'Siedlungs- und Verkehrsfläche' nicht mit 'versiegelter Fläche' gleichzusetzen ist, kann festgehalten werden, dass sich die Intensität der Flächen-Neuinanspruchnahme verlangsamt. Von einer Trendwende oder gar einer nachhaltigen Entwicklung kann jedoch nicht gesprochen werden.

Der verschwenderische Umgang mit Fläche gefährdet in einem dicht besiedelten Land wie Deutschland nicht nur die biologische Vielfalt, sondern auf Dauer auch die Lebensqualität breiter Bevölkerungsschichten. Von besonderer Brisanz sind neben den sozialen und ökologischen Auswirkungen auch die ge-

Wege zum nachhaltigen Flächenmanagement 79

samtwirtschaftlichen Folgen der bisherigen Praxis der Flächeninanspruchnahme für Siedlungszwecke. Diese bestehen unter anderem in hohen (und momentan noch nicht internalisierten) Erschließungskosten für verkehrliche und sonstige Infrastruktur. Besonders alarmierend ist, dass sich Bevölkerungsentwicklung und Flächeninanspruchnahme für Wohnzwecke zunehmend auseinander bewegen. In den alten Bundesländern dehnte sich die Siedlungs- und Verkehrsfläche in den vergangenen fünfzig Jahren um mehr als das Doppelte aus, während die Bevölkerung nur um rund 30 Prozent und die Zahl der Erwerbstätigen um zehn Prozent zunahmen. Die Folge: ein kontinuierlicher Anstieg der Flächeninanspruchnahme pro Einwohner und ebenso kontinuierlich abnehmende Siedlungsdichten, in Ost stärker als in West.

Einige Schlaglichter auf aktuelle und zukünftige Entwicklungen des Flächenverbrauchs verdeutlichen die weiterhin vorhandenen Handlungsbedarfe:

- Neue Siedlungsgebiete entstehen vorwiegend in ländlichen Regionen und dort in nicht zentralen Orten fern vom schienengebundenen Nahverkehr.
- Die anhaltende Flächeninanspruchnahme für Siedlungszwecke führt neben wachsender Entdichtung auch zur Zersiedelung und Fragmentierung der Räume. Weitere Treiber dieser Entwicklung sind beispielsweise Ferienresorts, Sport- und Freizeiteinrichtungen, küstennahe Wirtschaftsinfrastrukturen und Umschlagstandorte des Güterverkehrs.
- Der Anteil der Baulandbrachen wächst weiter. Aktuell wird von einem Brachflächenbestand von mindestens 150.000 ha ausgegangen; das wieder nutzbare Potenzial auf ca. 63.000 ha geschätzt (BBR 2007).
- In vielen Regionen herrscht eine relativ große Nachfrage nach Eigenheimen, zeitgleich stehen in Ortskernen ländlicher Gemeinden ältere Wohngebäude leer oder werden nur noch von einzelnen älteren Menschen bewohnt. Die Folge sind Verödung, Entdichtung und Funktionsverluste in Ortszentren bei gleichzeitigem Siedlungswachstum an den Ortsrändern.
- Der Flächenverbrauch ist paradoxerweise bundesweit umso höher, je geringer die Bevölkerungsdichte und je schlechter die Erreichbarkeit sind. Kommunen in peripheren suburbanen und ländlichen Räumen weisen einen überproportionalen Flächenverbrauch auf. Auch bei stagnierender oder schrumpfender Entwicklung stagniert die Flächeninanspruchnahme nicht automatisch.
- Neue Chancen für die Nutzung von Brachflächen können sich aus dem Anbau von Energiepflanzen und der Nutzung für die Produktion regenerativer Energien ergeben. Gleichzeitig verschärfen konkurrierende Nutzungsansprüche auf Seiten der Landwirtschaft (Teller, Tank, Energie) den Nutzungswettbewerb um die Ressource Boden. Die Folge: Das Bewusstsein für den begrenzten Rohstoff Boden wächst und die Auseinandersetzung mit Ansätzen einer nachhaltigen Landnutzung gewinnt an Bedeutung.

Bund, Länder und einzelne Kommunen entwickeln schon seit längerem Ansätze zur Reduzierung der Flächeninanspruchnahme. So hat die Bundesregierung (2002) in der nationalen Nachhaltigkeitsstrategie bereits zwei wesentliche flächenpolitische Ziele formuliert, die bis zum Jahr 2020 erreicht werden sollen:

- Reduktion der derzeitigen täglichen Inanspruchnahme von Boden für neue Siedlungs- und Verkehrsflächen auf 30 Hektar pro Tag (Mengenziel)
- Vorrangige Innenentwicklung im Verhältnis von Innen- zu Außenentwicklung von 3:1 (Qualitätsziel).

Das Thema Fläche fand vor diesem Hintergrund auch in den im November 2008 und Februar 2012 vorgelegten Fortschrittsberichten zur nationalen Nachhaltigkeitsstrategie der Bundesregierung besondere Beachtung (vgl. Bundesregierung 2008 u. 2012). Verwiesen wurde jeweils auf die weiterhin vorhandenen Handlungsbedarfe, die mit Blick auf das Zieljahr 2020 nicht an Bedeutung verloren haben. Unabhängig davon, ob man bei der beobachtbaren Verlangsamung der Entwicklung von langfristiger Trendwende oder konjunktureller Flaute spricht, heißt es jetzt, bisher noch nicht realisierte Reduktionspotenziale auszuschöpfen.

Dennoch sind auch Veränderungen feststellbar. So orientiert sich eine wachsende Zahl von Kommunen mittlerweile im Rahmen eines nachhaltigen Flächenmanagements am Kreislaufansatz als handlungsorientiertes Leitbild. Vermeiden, Mobilisieren, Revitalisieren stehen für die Idee einer Flächenkreislaufwirtschaft, bei der in einem integrierten Planungsprozess unterschiedliche Instrumente zur Realisierung einer aktiven, bedarfsorientierten, strategischen und ressourcenschonenden Bodennutzung kombiniert werden (vgl. Löhr, Wiechmann 2005). Strategie und Instrumente sind vorhanden, aber die oben dargestellten Daten der Flächeninanspruchnahme sowie der Blick in die Praxis zeigen, die Reduzierung der Flächeninanspruchnahme für Siedlungszwecke ist und bleibt schwierig.

2 Der Förderschwerpunkt REFINA: Ziele und Akteure

An dieser Ausgangssituation setzte 2006 der Förderschwerpunkt „Forschung für die Reduzierung der Flächeninanspruchnahme und ein nachhaltiges Flächenmanagement" – kurz: „REFINA" – des Bundesministeriums für Bildung und Forschung (BMBF) an (siehe www.refina-info.de). Gestützt auf vorhandene Forschungsergebnisse und unter Berücksichtigung unterschiedlicher regionaler Rahmenbedingungen erarbeiteten 44 thematische Verbundvorhaben von 2006 bis 2012 innovative Lösungsansätze und Strategien für eine Reduzierung der Flächeninanspruchnahme und ein nachhaltiges Flächenmanagement und prüften deren Anwendbarkeit in Form von Demonstrationsvorhaben vor Ort. Neben Projektpartnern aus Hochschulen, wissenschaftlichen Instituten und privaten Büros waren über 70 Kommunen aktiv in die Verbundprojekte eingebunden. Mit Bezug auf die flächenpolitischen Mengen- und Qualitätsziele der Nationalen Nachhaltigkeitsstrategie stand die Erarbeitung von Lösungen für einen effizienten Umgang mit Grund und Boden im Mittelpunkt der geförderten Forschungsaktivitäten. Entwickelt werden sollten räumliche, rechtliche, ökonomische, organisatorische oder akteursbezogene Innovationen, es ging um Modifikationen bestehender Instrumente, Strategien und Vorgehensweisen sowie um die Durchführung standortbezogener, kommunaler und regionaler Modellvorhaben.

Einen besonderen Stellenwert nahm die Entwicklung und Erprobung von Kommunikationsstrategien ein, da es trotz zahlreicher natur- und sozialwissenschaftlicher Forschungen und ungeachtet aller entwickelten Vorschläge zur Steuerung des Ressourcenverbrauchs nicht gelungen war und bis heute auch kaum gelungen ist, ambitionierten Reduktionszielen in nennenswertem Umfang und dauerhaft näher zu kommen. Die Akzeptanz einer effektiven Flächenpolitik ist weitgehend daran gebunden, dass die Akteure von der Notwendigkeit dieser Maßnahmen überzeugt werden können. Mit REFINA sollte deshalb auch die Chance ergriffen werden, mit geeigneten Kommunikationsmaßnahmen zunächst das Problembewusstsein der Akteure zu stärken und sie dann gezielt und adressatengerecht von der Notwendigkeit restriktiver Maßnahmen in diesem Bereich zu überzeugen.

Vor dem Hintergrund der komplexen Anforderungen orientierten sich die im Rahmen von REFINA geförderten Forschungsprojekte an folgenden Qualitätskriterien:

- Handlungsorientierung: REFINA-Projekte beschränkten sich nicht auf inhaltliche Forschungsaktivitäten, sondern beinhalteten die Prüfung und Umsetzung der entwickelten Ansätze und Strategien in Demonstrationsvorhaben.
- Akteurskooperation: Die wissenschaftliche Bearbeitung der Fragestellungen erfolgte in fachübergreifender Zusammenarbeit von Wissenschaftseinrichtungen, Kommunen und Unternehmen in integrierten Verbundprojekten, d.h. in enger Zusammenarbeit von Wissenschaft und Praxis.
- Übertragbarkeit: Die Ergebnisse der REFINA-Projekte sollten auf andere Räume mit ähnlichen ökonomischen, ökologischen und sozialen Rahmenbedingungen übertragbar sein.

Mit der im Rahmen von REFINA geforderten und geförderten gleichberechtigten Zusammensetzung der einzelnen Forschungsvorhaben aus Wissenschaft und Praxis war die Erwartung verbunden, neue Methoden der Wissensgenerierung und -vermittlung zwischen Politik, Kommunen, Verwaltungen, Wirtschaft, Zivilgesellschaft und Forschung zu erarbeiten und dialogische Beratungsverfahren zwischen öffentlichen und privaten Akteuren sowie wissenschaftlichen Expertinnen und Experten zu entwickeln und zu fördern.

Am Deutschen Institut für Urbanistik (Difu) wurde eine projekt- und fachübergreifende Begleitung des Förderschwerpunkts eingerichtet, die gemeinsam mit dem Aachener Büro für Kommunal- und Regionalplanung (BKR Aachen) von 2006 bis Anfang 2012 zuständig war für die projektübergreifende Vernetzung sowie die Integration, Synthese und übergreifende Dokumentation der Forschungsergebnisse (vgl. Bock et al. 2012a).

3 Themenschwerpunkte und ausgewählte Ergebnisse

Das Themenspektrum im Förderschwerpunkt REFINA war überaus breit gefächert. Ein besonderer Schwerpunkt der geförderten Forschungsprojekte lag auf prozessualen Fragestellungen, das heißt Aspekten der Prozessorganisation und -steuerung, Managementansätzen, Kooperationsmodellen, Formen der Akteursaktivierung und Beteiligungsaspekten. Eng damit verbunden bildete die Kommunikation des Themas Flächeninanspruchnahme einen weiteren Schwerpunkt der geförderten Forschungsvorhaben. Das zeigt, dass in REFINA die (Weiter-) Entwicklung von Instrumenten des nachhaltigen Flächenmanagements nicht auf einfache Kausalitäten reduziert wurde. Ausgegangen wurde vielmehr davon, dass neue Instrumente nicht zwangsläufig weniger Flächenverbrauch bedeuten und sich das Flächenreduktionsziel nicht immer durch Instrumente am effektivsten erreichen lässt. Deshalb waren Anwendung und Implementation ein direkter Bestandteil der Forschung. Bezug genommen wurde dabei auch auf Ergebnisse vorangegangener Forschungsvorhaben, wonach diskursive Formen der Umsetzung einer nachhaltigen Entwicklung sowie die Auseinandersetzung mit Steuerungsmöglichkeiten und -formen eine Voraussetzung für den Erfolg darstellen können.

Bei aller Vielfalt der bearbeiteten Fragestellungen, die von integrierten kommunalen Flächenentwicklungskonzepten über differenzierte Flächenrecyclingmethoden bis zu bundesweiten Modellrechnungen zum Flächenverbrauch, von neuen Bewertungsansätzen für die Bodenkontamination über Kommunikationskampagnen zum Thema Fläche bis zu Computerspielen reichten, lassen sich folgende Themenschwerpunkte, die vor allem für einen kommunalen Fokus von Interesse sind, als roter Faden zusammenfassen:

- Kataster: Boden- und Flächeninformation,
- Kosten: Ökonomische Instrumente,
- Kooperation: Steuerung und Management und
- Kommunikation: Kommunikation und Bewusstseinsbildung.

Wege zum nachhaltigen Flächenmanagement 83

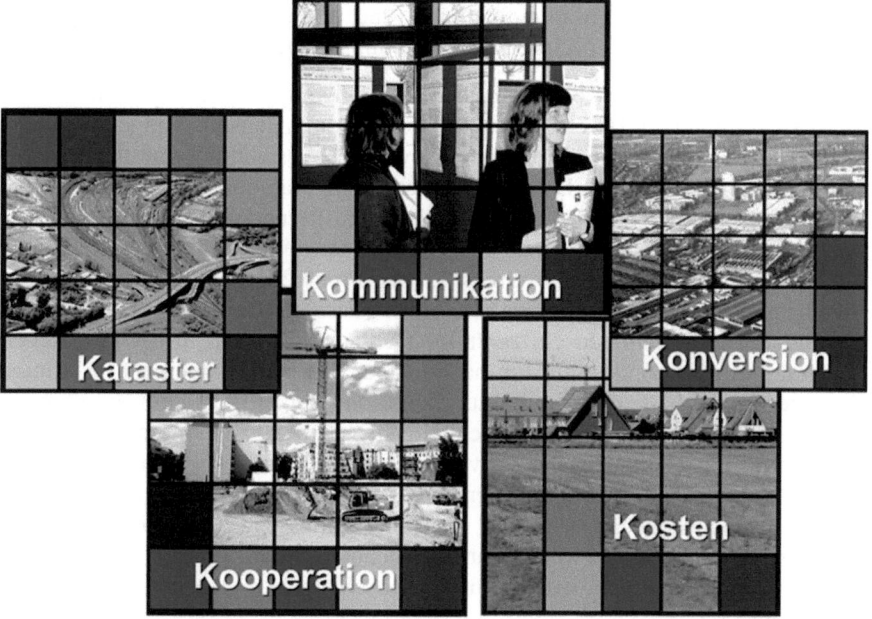

Abb. 2: Themenschwerpunkte im Förderschwerpunkt REFINA (eigene Darstellung)

Kataster: Neue Wege zur Flächeninformation – und -bewertung

Ausgangspunkte eines veränderten Umgangs mit der Ressource Boden und den vorhandenen Flächenpotenzialen sind zunächst Informationen und Kenntnisse über Boden und Flächen. Die Verbesserung dieser Informationsgrundlagen sowie die Einführung und Anwendung quantitativer und qualitativer Parameter bzw. Indikatoren zur Bewertung der Flächeninanspruchnahme ist somit eine wichtige Aufgabe auf dem Weg zur Erreichung der in der Nationalen Nachhaltigkeitsstrategie formulierten flächenpolitischen Ziele. Bund, Länder und kommunale Spitzenverbände bezeichnen deshalb die Qualifizierung von Flächeninformationen und Flächenbewertungen im Rahmen eines nachhaltigen Flächenmanagements als besondere Herausforderung. Den Boden- und Flächeninformationen kommt dabei eine zentrale Bedeutung zu, etwa

- als quantitative (und qualitative) Kenngrößen für ein periodisches Flächenmonitoring und eine Flächenentwicklungsprognose,
- bei der Erfassung, Bewertung und Mobilisierung von Flächenpotenzialen/Baulandreserven,
- als Grundlage für die Planung von Folgenutzungen, für naturschutzrechtliche Eingriffs-/ Ausgleichsregelungen sowie für Pflegekonzepte,

- als Grundlage für Kommunikations- und Informationskonzepte für die Öffentlichkeit und für politische Entscheidungsträger.

Neben der Nutzung der bereits bestehenden Geoinformationssysteme (ALK, ATKIS, kommunale Brachflächenkataster, Realnutzungserhebungen, Biotopkartierungen, Bodenkartierungen usw.) sowie der Auswertung von historischen und aktuellen Karten und Luftbildern rückten im Rahmen von REFINA neue Methoden der flugzeug- und satellitengestützten Fernerkundung von Landnutzungsarten und diesbezüglicher Auswertungstechniken für unterschiedliche Anwender in den Fokus (vgl. Frerichs, Lieber, Preuß 2010)

Gleichzeitig wurde darauf Bezug genommen, dass die Bewertung der Flächen- und Standortinformationen ein zentrales fachliches Element in der räumlichen Planung und insbesondere für ein nachhaltiges Flächenmanagement ist. Einige Vorhaben entwickelten Verfahren zur Ermittlung der in Bezug auf die verwendeten Kriterien günstigsten, d.h. nachhaltigsten Nutzungsoption, zur Identifikation der für eine Nutzungsalternative überhaupt geeigneten Flächen sowie für eine vergleichende Bewertung unterschiedlicher Nutzungsalternativen für eine Fläche. Verschiedene Ansätze und Konzepte umfassender, integrierender Bewertung von Flächen, die in den zurückliegenden Jahren in verschiedenen Projekten entwickelt wurden, wurden in REFINA-Vorhaben integriert bzw. weiterentwickelt.

Aus kommunaler Perspektive nahmen die REFINA-Vorhaben einen besonderen Stellenwert ein, die sich mit der Erfassung und Bewertung von Flächenpotenzialen im Bereich der Innenentwicklung befassten. Innenentwicklungs- oder auch Baulückenkataster bieten eine flächendeckende, fortschreibungsfähige Übersicht der innerörtlichen Baulandpotenziale, gegliedert in Baulücken, geringfügig genutzte Flächen, Brachflächen und ggf. Althofstellen (vgl. Engelke, Beck 2011; Müller-Herbers et al. 2011). Die in den beteiligten Modellkommunen erfolgte Erfassung und Dokumentation der Baulandpotenziale brachten übergreifend die immer gleiche Erkenntnis: Das gefühlte Wissen der Vor-Ort-Akteure über Flächenpotenziale und die Zahl der real erhobenen Flächen weichen deutlich voneinander ab. Die in den meisten Kommunen bis dahin fehlende Gesamtschau der Innenentwicklungspotenziale umfasste wesentlich mehr und andere Flächen als die bisher bekannten. Die Beispieldaten aus dem REFINA-Vorhaben „Handlungshilfen für eine Innenentwicklung" (HAI) zeigen die Größenordnung der in einigen Kommunen ermittelten Flächenpotenziale (vgl. Tab. 1). Gemeinsam mit den gleichfalls entwickelten und erprobten Aktivierungsinstrumenten konnte auf der Grundlage der fundierten Daten ein wesentlich höherer Anteil innerörtlicher Baulandpotenziale aktiviert werden.

Tab. 1: Baulandpotenziale in ausgewählten Modellkommunen nach Flächenumfang und Anzahl der Baulücken (Quelle: Müller-Herbers, Molder 2009)

Baulandpotenzial	Baiersdorf [1)] Einw.: 7.193[3)]	Stegaurach[1)] Einw.: 7.026[3)]	Gunzenhausen[2)] Einw.: 16.734[3)]	Pfullingen[2)] Einw.: 18.300[3)]
Baulücken *Anzahl*	20,3 ha *161*	33,1 ha *312*	35,9 ha *296*	21,3 ha *221*
Geringfügig bebaute Grundstücke	6,0 ha	19,4 ha	14,8 ha	11,8 ha
Brachen/ Leerstand/ Umnutzung	3,6 ha	2,0 ha	9,9 ha	16,5 ha
Summe	29,9 ha	54,5 ha	50,7 ha	49,6 ha

[1)] Erhebungen 2003, [2)] Erhebungen 2006, [3)] Stand: Januar 2007

REFINA konnte zeigen, dass

- neue Methoden und Verfahren der Boden- und Schadstoffbewertung, neue Methoden und Verfahren zur Nutzung von Fernerkundungsdaten und dreidimensionalen Modellierungen für Flächeninformationen, Indikatoren und Anwendungen zur Analyse der Flächeninanspruchnahme und Bewertungssysteme für ein nachhaltiges Flächenmanagement wichtige Bausteine zur Reduzierung der Flächeninanspruchnahme sind,
- Informations- und Bewertungstools in den Kommunen und Regionen Innenentwicklung unterstützen,
- zur Umsetzung eine externe dialogorientierte und kooperative Erfassung notwendig ist,
- die Klärung von Datenzugang, Vertraulichkeit und Pflege von Datenbeständen notwendig ist und
- der Nutzen der Informationserhebungen dem damit verbundenen personellen, technischen und finanziellem Aufwand entsprechen muss.

Kostentransparenz – ein Schlüssel zur nachhaltigen Siedlungsentwicklung

Neben planerischen und ordnungsrechtlichen Steuerungsinstrumenten werden seit langem ökonomische Anreize und fiskalische Instrumente zur Reduzierung des Flächenverbrauchs und zur Wiedernutzung von Flächen diskutiert. Es liegt eine Vielzahl von Untersuchungen, die sich mit ökonomischen Fragestellungen im Kontext des Flächensparens und Flächenrecyclings befassen, vor, in denen verschiedene Instrumente untersucht und Reformvorschläge gemacht wurden.

Die Instrumente lassen sich grob unterscheiden nach Anreizen für den sparsamen Umgang mit Flächen und die Wiedernutzung der Flächen sowie nach neuen Finanzierungsformen für die Wiedernutzung brach gefallener Flächen und zur Unterstützung der Innenentwicklung.

In REFINA wurden hieran anknüpfend neben Fragen zur Anwendung und Akzeptanz ökonomischer Instrumente das Zusammenwirken unterschiedlicher ökonomischer Instrumente sowie die Ausgestaltung von ökonomischen Instrumenten vertieft. Bezug genommen wurde auf die demografische Entwicklung, insbesondere sinkende Bevölkerungszahlen und eine alternde Gesellschaft, die von den Kommunen flächenpolitische Entscheidungen mit Augenmaß verlangen, um die kurz-, mittel- und langfristigen Kosten technischer und sozialer Infrastrukturen stärker in den Blick zu nehmen. Städtebauliche Kalkulationen, fiskalische Wirkungsanalysen und Werkzeuge zur Kosten- Nutzen-Betrachtung wurden entwickelt, die die Kommunen dabei unterstützen sollen.

Eng verknüpft mit bisher nicht als notwendig erachteten und daher fehlenden fundierten Flächeninformationen ist vor allem das unzureichende Wissen über die Kosten der Flächeninanspruchnahme. Kostentransparenz in der Flächenausweisung und bei der Wohnstandortwahl sowie eine eingehende Betrachtung langfristiger Folgekosten von Siedlungsinfrastruktur sind gleichfalls bedeutsame Ansätze einer vorausschauenden Flächenpolitik. So sind für die Erschließung neuer Wohn- und Gewerbegebiete und deren Anbindung an das vorhandene Straßen- und Leitungsnetz nicht nur vielfältige Investitionen notwendig. Für die planende Kommune sind mit diesen neuen Standorten auch weitreichende Folgekosten (z.B. für technische und soziale Infrastruktur) verbunden, über deren Größenordnung in vielen Fällen keine genauen Kenntnisse vorliegen (vgl. Gutsche 2004). Mehr Kostentransparenz kann, so der Ausgangspunkt, die Nachhaltigkeit der Standortwahl und der Flächenausweisungspolitik verbessern und zu einer vorrangigen Nutzung kompakter, räumlich und infrastrukturell gut integrierter Standorte beitragen. Auch für private Haushalte entstehen bei der Nutzung neuer Flächen neue Ausgaben z.B. in Form von Kosten für Mobilität, die entweder nicht bekannt sind oder bei Entscheidungen über einen neuen Wohnort nicht berücksichtigt werden.

Verschiedene REFINA-Projekte griffen diese Defizite mit der Entwicklung passender innovativer Werkzeuge auf und eröffneten durch eine stärkere Berücksichtigung ökonomischer Langzeitwirkungen Chancen für einen Paradigmenwechsel hin zu mehr Kostenbewusstsein und Generationengerechtigkeit beim Umgang mit der Ressource Fläche (vgl. Preuß, Floeting 2009). An die Kommunen richtet sich beispielsweise die Entwicklung eines kostenorientierten Umlageverfahrens zur Stärkung der Innenentwicklung, eines Berechnungstools zur Erfassung der fiskalischen Auswirkungen lokaler Siedlungsentwicklung sowie von Berechnungsmöglichkeiten für die Investitions- und Unterhaltungskosten der Siedlungsinfrastruktur. Fokus ist jeweils das Aufzeigen perspektivischer

Wege zum nachhaltigen Flächenmanagement 87

Kosteneinsparpotenziale bei der Innenentwicklung. Andere REFINA-Vorhaben untersuchten Finanzmodelle oder Anreizsysteme, mit denen eine nachhaltige Flächenentwicklung gefördert werden kann. Hierzu zählen u. a. die Verknüpfung von Neuem Kommunalen Finanzmanagement (NKF) und Flächenrecycling, die Entwicklung eines fondsbasierten Finanzierungskonzepts zur Schaffung wirtschaftlicher Anreize für die Mobilisierung von Brach- und Reserveflächen sowie handelbare Flächenausweisungsrechte.

An Privathaushalte richteten sich mehrere REFINA-Projekte, in denen konkrete Instrumente entwickelt wurden, die Wohnungssuchenden und Bauwilligen das gesamte Kostenspektrum ihrer Wohnstandortentscheidung aufzeigen. Sie alle sollen im Zuge einer verbesserten Kostenabschätzung eines neuen Wohnstandortes perspektivisch dazu beitragen, dass private Haushalte in mehrfacher Hinsicht ressourcensparende Entscheidungen treffen.

REFINA konnte zeigten, dass

- Kostenbetrachtungen als integrierter Bestandteil eines nachhaltigen Flächenmanagement verstanden und eingesetzt werden müssen,
- nutzbare kommunale Werkzeuge und Berechnungsmethoden mittlerweile vorliegen,
- Kosten als Baustein der Abwägung in der Siedlungsplanung dienen, aber kein Ersatz sind,
- die Kostenermittlung aber auch nicht unerheblichen (Daten)Aufwand und Einarbeitungszeit („Expertensystem") benötigt und
- ständige Weiterentwicklung und Anpassung der Tools notwendig sind, da bspw. regionale Dimension, Gewerbegebiete, Versorgungseinrichtungen sowie Kosten des Siedlungsbestandes bisher kaum berücksichtigt sind.

Kooperation: Flächensparen kann nur interkommunal gelingen

Eine Ursache für die steigende Flächeninanspruchnahme ist in dem vorhandenen Angebot an Flächen zu sehen. Hier sind vor allem die Angebotsplanungen von Kommunen und Projektentwicklern von Bedeutung, die diese mit stadtentwicklungspolitischen und fiskalischen Interessen begründen. Erwartet wird, dass durch die Bereitstellung von Bauland neue Einwohner/innen und Betriebe gewonnen werden können, die die steuerlichen Einnahmen der Gemeinden erhöhen. Solange sich das kommunale Einnahmesystem in Deutschland stark an den Bevölkerungszahlen der Gemeinden orientiert, sehen sich Kommunen gezwungen, untereinander um neue Einwohnerinnen und hier insbesondere um junge Familien zu konkurrieren. Je nach Entwicklungsdynamik (wachsend oder schrumpfend) hoffen viele Gemeinden mit der Ausweisung neuer Bauflächen der Abwanderung bzw. der Abschwächung von Wanderungsgewinnen sowie der Überalterung der Bevölkerung entgegenwirken zu können. Dabei wird oft von recht optimistischen Annahmen zur Zuwanderung von Neu-Einwohner/innen, daraus resultierenden Steuermehreinnahmen sowie einer raschen Aufsiedlung neuer Baugebiete ausgegangen. Dies führt nur zu einem Teil zu einer hohen Qualität der neu ausgewiesenen Wohngebiete (Qualitätswettbewerb), meist aber zu einer Ausweisung von mehr Flächen als notwendig (Mengenwettbewerb). Der demografische Wandel verschärft diesen Konkurrenzkampf um junge, gut verdienende Einwohner/innen. Diese werden, so die Erwartung, vor allem durch die Ausweisung von Neubaugebieten vorrangig für Ein- und Zweifamilien- sowie Reihenhäuser gewonnen.

Deutlich wird, dass Siedlungsflächenentwicklung einen Kern des kommunalen Selbstverständnisses berührt. Auch wenn das Thema, wie sinnvoll interkommunale Kooperation für die Erfüllung unterschiedlicher kommunaler Aufgaben sein kann, in den Städten und Gemeinden seit Jahren in unterschiedlichen Zusammenhängen diskutiert wird, stecken die Ansätze einer interkommunal abgestimmten nachhaltigen Siedlungsentwicklung noch ganz in den Anfängen. In REFINA wurden deshalb unter dem Stichwort „Kooperation und Management" unterschiedliche Steuerungsebenen in den Blick genommen, von der innerkommunalen über die interkommunale bis zur regionalen Steuerung der Siedlungsflächenentwicklung.

Interkommunale Kooperation erscheint dabei als eine zwingende Notwendigkeit für ein erfolgreiches nachhaltiges Flächenmanagement, da einer gemeinsamen Flächenpolitik als Beitrag zur Reduzierung der Neuflächeninanspruchnahme eine besondere Bedeutung zukommt. Interkommunale Kooperation ist jedoch kein Selbstläufer, da ihr starke Hemmfaktoren gegenüberstehen, solange sich die Kommunalpolitik für den eigenen Kirchturm und dessen bestmögliche Entwicklung in Konkurrenz zu den Nachbargemeinden zuständig fühlt. Ausgehend von erheblichen kommunalen Konkurrenzen, die eine große Bremse des Flächensparens bilden, und der weiterhin ausgeprägten Vorstellung von neuen Wohn- und Gewerbegebieten als Erfolgsfaktoren der Politik wurden in REFINA u. a. Lösungen erarbeitet zu regional abgestimmte Flächenzielen (Regionen Pinneberg und Elmshorn), regionalen Siedlungsflächenkonzepten (Region Gießen-Wetzlar), zu einem regionalen Portfoliomanagement (Region Bonn) und für einen interkommunalen Interessensausgleich (Regionaler Gewerbeflächenpool Region Neckar-Alb).

Zukunftsweisend erscheinen Ansätze, die Bewertungsverfahren und Ausgleichsmechanismen zum Vorteils-/Nachteilsausgleich entwickelten, um die Kooperation zu erleichtern. So wurden im Modell des Flächenpools auf der Grundlage von monetären Bewertungen der Flächen ökonomische, ökologische und städtebauliche Gesichtspunkte bei der Bewertung von Flächen integriert. Hier trat an die Stelle einer kommunalen Flächenpolitik eine interkommunale Abstimmung des Flächenangebotes, bei der die teilnehmenden Gemeinden Gewerbeflächen in einen gemeinsamen Pool einbringen. Die entstehenden Erlöse und Kosten der Poolbewirtschaftung sollten entsprechend des ermittelten Poolanteiles an die beteiligten Gemeinden verteilt werden (vgl. Ruther-Mehlis et al. 2011).

REFINA konnte zeigen, dass
- nachhaltiges Flächenmanagement nur gemeinsam mit den Nachbarkommunen gelingen kann,
- freiwillige Kooperationen ein wichtiger erster Schritt sind,
- Innenentwicklung auch ein Thema für die Regionalplanung ist,
- Regelungen zum finanziellen Ausgleich die Zukunft gehört und
- interkommunale Ansätze einen langen Atem brauchen und auch im Rahmen von Forschungsprojekten nicht immer zum Erfolg führen.

Kommunikation: Der Köder muss dem Fisch schmecken und nicht dem Angler

Über die Handlungsbedarfe rund um einen sparsamen Umgang mit Fläche sind sich Expertinnen und Experten, aber auch viele Praxisakteure einig. Und doch sind „Fläche" und „ein sparsamer Umgang mit Fläche" keine Themen, die – im Unterschied zu Klimaschutz und Biodiversität – die Öffentlichkeit bewegen oder Schlagzeilen in der Tagespresse provozieren. Nachhaltige Flächennutzung – so der Eindruck – tritt bislang eher als Expertenthema auf. Die Diskussionen werden in Hochschulen, Expertenrunden, Fachgesprächen und Seminaren geführt, während sich die Debatte um eine nachhaltige Entwicklung in Politik und Öffentlichkeit auf andere Themen konzentriert. Solange Flächensparen jedoch ein Expertenthema bleibt, solange bleibt es auch für politische Akteure schwierig, einen bewussten Umgang mit der Ressource Fläche und Aspekte des „Flächensparens" als Erfolg zu präsentieren und in der Öffentlichkeit zu kommunizieren.

In REFINA bilden Beiträge zur verbesserten Kommunikation des Themas einer nachhaltigen Flächennutzung sowie deren Erprobung einen wichtigen Schwerpunkt. Ergriffen wurde die Chance, geeignete Kommunikationsstrategien und -maßnahmen sowie Fortbildungsansätze zu entwickeln, mit denen das Wissen der Akteure erweitert und das Problembewusstsein gestärkt werden kann, damit sie gezielter Maßnahmen im Bereich der Flächenentwicklung begleiten und umsetzen können (vgl. Bock et al. 2009). Im Rahmen von REFINA wurde deshalb die Möglichkeit genutzt, experimentell oder analytisch neue Wege der Kommunikation und der Zielgruppenansprache zu erproben. Anstelle des schwer vermittelbaren Credos vom Verzicht wurde ein nachhaltiger Umgang mit der Ressource Fläche bewusst als Zukunftschance und als Strategie für mehr Effizienz vermittelt. Aufgegriffen wurde, dass eine nachhaltige Siedlungsentwicklung nicht nur für den Naturerhalt, sondern beispielsweise auch für die Sicherung und Steigerung der eigenen Lebensqualität und den Werterhalt des Immobilieneigentums notwendig ist. Wurden Politiker/innen angesprochen, entwickelten die Vorhaben möglichst konkrete und ortsbezogene Anregungen – statt einer Flut ungezielter Informationen. So wurde beispielsweise in der Metropolregion Hamburg eine breite Kommunikationsplattform mit dem Ziel aufgebaut, Kommunalpolitik, Bauträger und Bauherren, Bürgerinnen und Bürger für die Chancen und Möglichkeiten einer Verringerung der Flächeninanspruchnahme zu sensibilisieren (siehe http://refina.segeberg.de/index.phtml?NavID=1862.27&La=). Wissenschaftliche Erkenntnisse wurden in Kommunikationsinhalte und Formate „übersetzt", mit denen der sparsame Umgang mit dem Gut „Fläche" als Gewinnchance verdeutlicht werden kann.

Die von der Metropolregion Hamburg verfolgte Kommunikationsstrategie zielte darauf ab, die Reduzierung der Neuflächeninanspruchnahme aus dem Elfenbeinturm des Verzichts aus übergeordneten Erwägungen zu befreien. Im Vordergrund stehen stattdessen die Chancen für ein Mehr an Lebensqualität, geringere Kosten, kürzere Wege und vor allem ein fortschrittliches Image. Diesem Ansatz dienten eine Konzentration auf wenige, ausgewählte Kernbotschaften und eine ausgeprägt positive Bildsprache unter dem Slogan und Leitmotiv der Kampagne „Mittendrin ist IN!" (vgl. Fahrenkrug, Kilian 2009).

Ein weiteres Beispiel ist die Kampagne „Leben im Dorf – Leben mittendrin!!" der Verbandgemeinde Wallmerod, die sich aus mehreren Bausteinen zusammensetzt. Ausgangspunkt der Aktivitäten war die Feststellung, dass in den Dorfkernen der Gemeinde in absehbarer Zeit über 800 Grundstücke und Häuser aufgrund schlechter Bausubstanz und/oder einer fehlenden Nachfolgegeneration "Not leidend" werden und eine Entvölkerung der Ortskerne drohte. Begleitet von einer umfangreichen und professionellen Öffentlichkeitsarbeit wurde eine restriktive Baulandausweisung beschlossen, die die offensive Werbung für das „Leben im Dorf" begleitet. Angeboten werden zudem finanzielle Anreize zum Bau oder Erwerb von Gebäuden innerhalb der Ortskerne im Aktions- und Förderplan (siehe www.lebenimdorf.de) und eine Dorfbörse mit aktuellen Immobilienangeboten.

Kommunikation als Verständigungsprozess zu begreifen und dabei Kommunikation über Nachhaltigkeit und nachhaltiges Flächenmanagement als einen spezifischen Verständigungsprozess ernst zu nehmen, bedeutet, sich der jeweils vorhandenen Rollen und deren Bedeutung in diesen Prozessen gewahr zu werden. Es bedeutet auch, die jeweiligen Handlungsspielräume und Möglichkeiten der Einflussnahme realistisch einzuschätzen. Unvermeidbar bleibt dennoch das Aufeinandertreffen unterschiedlicher Rationalitäten und Logiken, die, jede für sich betrachtet, richtig sind. Kommunikation setzt somit immer voraus, dass die Beteiligten ein Interesse an dem gemeinsamen Verständigungsprozess haben, gleichzeitig aber auch bereit sind, dessen Grenzen wahrzunehmen.

REFINA konnte zeigen, dass

- erfolgreiche Kommunikation sich an den Interessen der Zielgruppen orientieren sollte, d.h. „der Köder muss dem Fisch schmecken, nicht dem Angler",

- erfolgreiche Anknüpfungspunkte die Aspekte 'Folgekosten', 'Effizienz' und ‚Attraktivität der Folgenutzung' sind,
- die Politik als Multiplikator gewonnen werden muss und
- Kommunikation und Wissenstransfer jedoch alleine nicht ausreichend sind, solange „Flächenfraß" Ergebnis einer rationalen Entscheidung ist (Fördermaßnahmen, Nachfragevermutungen, Interkommunale Konkurrenz etc.).

4 REFINA: Ein Beitrag zu kommunalen Innovationen

Die Anforderung, in REFINA Beiträge zur Lösung von Problemen zu erarbeiten und die Ergebnisse in einer Art und Weise aufzubereiten, dass eine direkte Umsetzung der Ergebnisse vor Ort möglich wurde, führte zu der besonderen Rolle, die der kommunalen und regionalen Praxis in dem Förderschwerpunkt zugesprochen wurde. Die geforderte Erprobung mit und in der Praxis konnte nur in direkter Zusammenarbeit mit den überwiegend für die Umsetzung verantwortlichen Kommunen geschehen. Oder – wie die Bekanntmachung es formulierte – die Ziele konnten nur unter Einbindung aller relevanten Disziplinen und Zielgruppen in die Projekte erreicht werden. Daher wurde „ein transdisziplinäres Zusammenwirken aller Akteursgruppen" als unerlässlich gesehen (BMBF 2004: 12).

Der Anspruch an eine partnerschaftliche Zusammenarbeit stellte zugleich eine der Herausforderungen im Förderschwerpunkt dar. Das Zusammenwirken von Wissenschaft und Praxis sowie die Arbeit der Kommunen im Förderschwerpunkt wurden daher auch von der projektübergreifenden Begleitung besonders unterstützt und als eigenständiges Querschnittsthema im Rahmen der Forschungsbegleitmaßnahmen angeboten. Bearbeitet wurde dabei unter anderem die Frage, ob und wie transdisziplinäre Forschung angestoßen, gefördert und fruchtbar gemacht werden kann.

Mit einer schriftlichen Befragung von REFINA-Akteuren zur Zusammenarbeit von Wissenschaft und Praxis im BMBF-Förderschwerpunk REFINA wurden von der Begleitforschung zum Abschluss vorliegende Erfahrungen in der Wissenschaft-Praxis-Kooperation dokumentiert, analysiert und bewertet (vgl. Bock et al. 2012b). An der Befragung nahmen Akteure aus Wissenschaft und Praxis aus insgesamt 42 der 44 geförderten REFINA-Vorhaben teil. Ziel der Untersuchung war es, den Impact-Faktor des Förderschwerpunkts REFINA im Sinne insbesondere der generierten Innovationen bei Prozessen und Produkten zum Flächenmanagement herauszuarbeiten. Einen Schwerpunkt der Betrachtung nahmen die Mitwirkung der Kommunen und die erfolgte Zusammenarbeit ein. Gefragt wurde aber auch nach der Einschätzung der Wirkungen der Forschungsvorhaben auf die flächenpolitischen Ziele des Förderschwerpunkts. Die Befragten wurden außerdem aufgefordert, die Ergebnisse ihrer Projektarbeit hinsichtlich des Innovationsgehaltes sowie des Beitrags zur Problemlösung und zur Weiterentwicklung der Forschung zu bewerten. Inwieweit REFINA-Vorhaben mit erkennbar transdisziplinärer Organisation und Zielsetzung näher an Praxis und Umsetzung waren und somit ihre Ergebnisse einerseits den inhaltlichen Anforderungen der Praxis eher entsprachen und andererseits leichter Eingang in die Praxis fanden, führte zur Frage nach den Wirkungen der Forschungsprojekte. Auch wenn die eigentlichen Wirkungen des Förderschwerpunktes erst langfristig feststellbar sein werden, so geben die Einschätzungen des Innovationsgehaltes und eines möglicherweise gestiegenen Stellenwertes des Themas „Nachhaltiges Flächenmanagement" Hinweise auf erreichte Wirkungen. Bei der Frage nach den Wirkungen der Forschungsvorhaben wurde zwischen innovativen Prozessen und neuen Instrumenten unterschieden. Allgemein betrachtet wurden diese von den beiden Gruppen Wissenschaft und Praxis überwiegend gleich positiv eingeschätzt. In der Perspektive der befragten Wissenschaft lagen die entsprechenden Wirkungen jedoch deutlich höher.

Da überwiegend Kommunen die Adressaten der entwickelten Innovationen waren, erschien für eine Bewertung des Projekterfolges die Frage bedeutsam, inwiefern die REFINA-Vorhaben zu einem nachhaltigen Flächenmanagement in den Kommunen beitragen konnten und hierbei direkte Wirkungen zu beobachten waren. Die Mehrzahl der Befragten stimmte der Aussage zu, dass die im Rahmen von REFINA entwickelten Produkte, d.h. neue Instrumente (56 von 98 Nennungen, vgl. Abb. 3) einen Beitrag zur Umsetzung eines nachhaltigen Flächenmanagements leisteten. Ein geringer Anteil stimmte dieser Aussage sogar „voll" zu. Jeweils ein Drittel der Befragten konnte sich dieser Aussage nur teilweise anschließen. Ein geringer Teil der Akteure (elf bzw. neun Nennungen) konnte eher keine oder gar keine Wirkungen erkennen. Das heißt, dass der gewählte Forschungsansatz, der eine probeweise Umsetzung der Ergebnisse erforderte, von den Beteiligten als durchaus wirkungsvoll hinsichtlich eines Umgangs mit Fläche bewertet wurde.

Den größten Innovationsgehalt entfalteten die REFINA-Projekte nach Einschätzung der Beteiligten mit den entwickelten Prozessen und Verfahren, diese wurden von drei Vierteln der befragten Akteure – gleichermaßen von Praxis und Wissenschaft – als innovativ bewertet. Rund die Hälfte der Akteure (ebenfalls beider Gruppen) bewertete darüber hinaus die im Projekt erarbeiteten Produkte bzw. Dienstleistungen als Innovation. Unterschiede in der Bewertung (oder auch im Verständnis von Innovation) gab es hingegen auf der Ebene der Organisation. Ein wesentlich höherer Anteil der Wissenschaftler war der Ansicht, mit dem Projekt organisatorische Innovationen herbeigeführt zu haben, die (kommunale) Praxis bewertete dies zurückhaltender.

Wege zum nachhaltigen Flächenmanagement 93

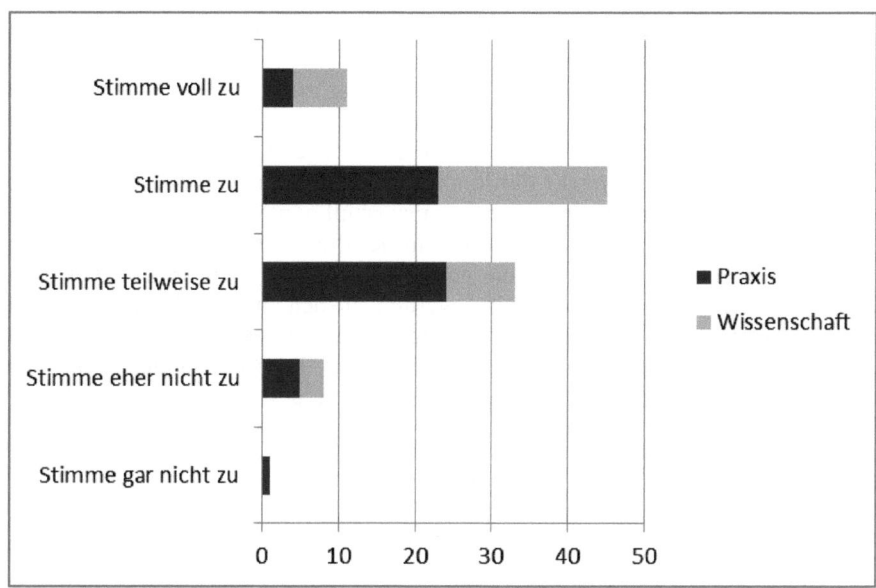

Abb. 3: Wirkungseinschätzung – verbesserte Umsetzungen nachhaltigen Flächenmanagements durch neue Instrumente (N = 98) (Quelle: Bock et al. 2012b)

Die positive Einschätzung des Beitrags der Vorhaben zur Problemlösung und die gleichfalls konstatierten Innovationen, die sich überwiegend auf Prozesse und Verfahren beziehen, bestätigen durchaus den Erfolg von REFINA. Gleichfalls ist deutlich ablesbar, dass sich die Wahrnehmung der Flächenproblematik bei den vorrangig angesprochenen Zielgruppen deutlich verbessert hat (vgl. Abb. 4). Mit Blick auf die Wirkung wird vor allem die Wirkung im Sinne von Kompetenzstärkung und Bewusstseinsschärfung für das Thema Flächenmanagement positiv bewertet. Dabei beurteilten die Akteure der Wissenschaft die Wirkungen tendenziell positiver als ihre Praxispartner.

Insgesamt bescheinigt die überwiegende Mehrzahl der befragten REFINA-Akteure ihren Projekten einen Erfolg. Erfolgreich wahrgenommen wurden dabei vor allem persönliche Lernprozesse und der persönliche Wissensgewinn. Aber auch die – für die meisten Akteure – neuen Erfahrungen der verbindlichen Zusammenarbeit in einer transdisziplinären Forschungskooperation wurden als Erfolg bewertet. Die in REFINA ausgebildete Form der Wissenschaftskooperation hat sich nach Einschätzung der Befragten, trotz des hohen Zeitaufwands der Projektorganisation, offensichtlich bewährt, die Zusammenarbeit wurde als inspirierend empfunden. Gleichzeitgig zeigte sich jedoch, dass vor allem für die Praxispartner die Arbeit in einer Forschungskooperation schwer mit anderen

Arbeitsanforderungen zu vereinbaren war und wohl auch deshalb die vorhandenen Arbeitsweisen kaum verändert werden konnten. Werden die Ergebnisse der Akteursbefragung zusammenfassend betrachtet, so wird deutlich, dass sich die Beteiligten aus Wissenschaft und Praxis zu den Strukturen und Wirkungen ihrer Projekte überwiegend zufrieden äußern. Auch wenn der Förderschwerpunkt die konkrete Ausgestaltung der Vorhaben offen ließ und keine direkten Vorgaben zur Transdisziplinarität formulierte, wurde der Anspruch an eine Wissenschaft, in der mit der Praxis gemeinsam Probleme definiert, Vorgehen abgestimmt, eine gemeinsame Sprache entwickelt und problemorientierte Ergebnisse produziert werden, in den meisten Fällen eingelöst. Zwar verweisen die Kommentare deutlich auf die Schwierigkeiten der komplexen Projektorganisation und auf entsprechende Lernerfahrungen, die beim nächsten Mal zu einer anderen Projektgestaltung führen müssten. Der Mehrwert wurde dennoch deutlich benannt.

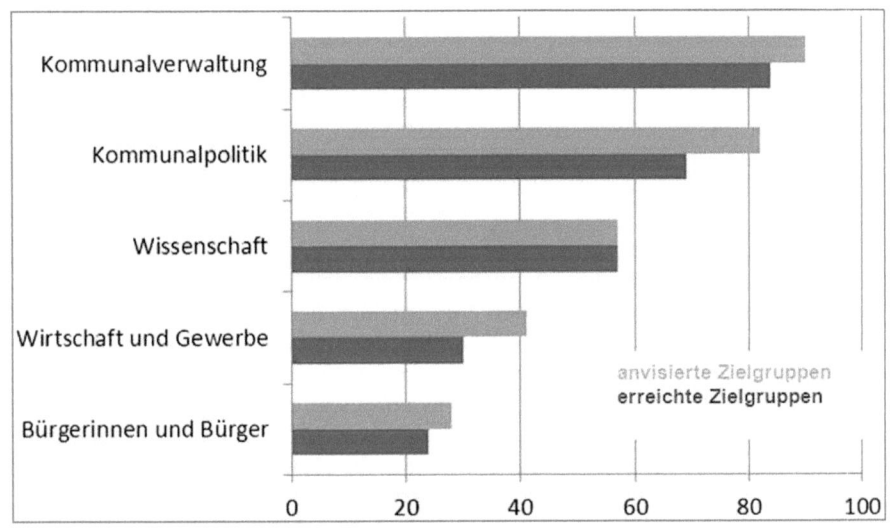

Abb. 4: Welche Zielgruppen sollten erreicht werden bzw. wurden erreicht? (Mehrfachnennungen waren möglich, N = 99/93) (Quelle: Bock et al. 2012b)

REFINA konnte zeigen, dass

- in REFINA erfolgreiche Forschungsprozesse gemeinsam von Wissenschaft und kommunaler Praxis gestaltet werden konnten,
- der erheblich größere Koordinations-, Organisations- und Kommunikationsaufwand zu innovativen, anwendungs-freundlichen Ergebnissen führte,

- dass verbreitete Diskussion und eine gestärkte Wahrnehmung des Themas „Reduzierung der Flächeninanspruchnahme und nachhaltiges Flächenmanagement" zu verzeichnen sind und
- dass zukünftig nicht nur Forschungsinstitutionen über Know-how zur Organisation und Durchführung transdisziplinärer Forschung verfügen sollten, sondern auch den an Forschungsvorhaben beteiligten Praxispartnern entsprechendes Handwerkszeug mit Hinweisen auf notwendige Rahmenbedingungen, Ressourcen und Entscheidungsprozesse zur Verfügung gestellt werden sollte.

5 Der nachhaltige Umgang mit Fläche bleibt eine Herausforderung

Auch nach Abschluss der erfolgreichen Fördermaßnahme REFINA, von der vielfältige Impulse zur Reduzierung der Flächeninanspruchnahme ausgingen, steht die künftige Flächennutzung vor vielfältigen Herausforderungen. Demographischer Wandel, wirtschaftsstruktureller Wandel, Klimaschutz und -anpassung und die aus den zunehmenden Kosten für Mobilität und Energieversorgung resultierende Nachfrage nach zentralen Standorten sowie wachsende Konkurrenzen mit den gestiegenen Flächenansprüchen aus Landwirtschaft und den erneuerbaren Energien führen zu wachsenden Konkurrenzen um die Nutzung der Ressource Boden und fordern neue Formen der Steuerung der Flächeninanspruchnahme. Solange „Flächenfraß" weiterhin das Ergebnis einer rationalen Entscheidung basierend auf Fördermaßnahmen, Nachfragevermutungen, interkommunaler Konkurrenz etc. ist, werden Ansätze zur Reduzierung der Flächeninanspruchnahme jedoch schwer umsetzbar sein. Ziel sollte deshalb sein, die limitierte Ressource Boden noch mehr in das Bewusstsein zu bringen, die künftige Flächennutzung an die veränderten Anforderungen in Richtung einer kompakten, qualitätsvollen Stadtentwicklung auszurichten und integrierte Kommunikation- und Managementstrategien für einen nachhaltigen Umgang mit Fläche und Boden auf kommunaler, Landes- und Bundesebene zu entwickeln.

Literatur

Bock, S.; Libbe, J.; Preuß, T.; Zwicker-Schwarm, D.; Hinzen, A. (2012a): Schlussbericht, Projektübergreifende Begleitung REFINA (Sonderveröffentlichung). Berlin.

Bock, S.; Jekel, G.; Libbe, J.; Hinzen, A. (2012b): Forschung für und mit Kommunen: Zur transdisziplinären Zusammenarbeit von Wissenschaft und Praxis am Beispiel des BMBF-Förderschwerpunkts REFINA. Wirkungsanalyse im Rahmen des Vorhabens Projektübergreifende Begleitung REFINA – gefördert durch das Bundesministerium für Bildung und Forschung, Berlin.

Bock, S.; Hinzen, A.; Libbe, J. (Hrsg.) (2009): Nachhaltiges Flächenmanagement - in der Praxis erfolgreich kommunizieren. Ansätze und Beispiele aus dem Förderschwerpunkt REFINA. = Beiträge aus der REFINA-Forschung, REFINA Band IV. Berlin.

BBR - Bundesamt für Bauwesen und Raumordnung (Hrsg.) 2007: Wohnungs- und Immobilienmärkte in Deutschland 2006. = Berichte, Band 27. Bonn.

BMBF - Bundesministerium für Bildung und Forschung (2004): Hintergrundpapier zur Bekanntmachung von Förderrichtlinien zum Schwerpunkt "Forschung für die Reduzierung der Flächeninanspruchnahme und ein nachhaltiges Flächenmanagement (REFINA)". Bonn.

Bundesregierung (2002): Perspektiven für Deutschland. Unsere Strategie für eine nachhaltige Entwicklung. http://www.nachhaltigkeitsrat.de/fileadmin/user_upload/dokumente/pdf/N achhaltigkeitsstrategie_komplett.pdf (03.04.2013)

Bundesregierung (2012): Nationale Nachhaltigkeitsstrategie – Fortschrittsbericht 2012. Berlin.

Bundesregierung (2008): Nationale Nachhaltigkeitsstrategie – Fortschrittsbericht 2008. Berlin.

Engelke, D.; Beck, T. (2011): Von der Flächenerhebung zur Lagebeurteilung. In: Bock, S.; Hinzen, A.; Libbe, J. (Hrsg.) (2011): Nachhaltiges Flächenmanagement – Ein Handbuch für die Praxis. Ergebnisse aus der REFINA-Forschung. Berlin, 252 – 256.

Fahrenkrug, K.; Kilian, D. (2009): Zukunft Fläche: Eine Kommunikationsstrategie für Kopf und Herz der Kommunalpolitik. In: Bock, S.; Hinzen, A.; Libbe, J. (Hrsg.): Nachhaltiges Flächenmanagement - in der Praxis erfolgreich kommunizieren. Ansätze und Beispiele aus dem Förderschwerpunkt REFINA. Berlin, 99 – 108.

Frerichs, S.; Lieber, M.; Preuß, T. (Hrsg.) (2010): Flächen- und Standortbewertung für ein nachhaltiges Flächenmanagement. Methoden und Konzepte. = Beiträge aus der REFINA-Forschung, REFINA Band V. Berlin.

Gutsche, J.-M. (2004): Gut für den Kommunalhaushalt? Fiskalische Transparenz bei kommunalen Baulandentscheidungen, in: PlanerIn (1), S. 19-22.
Löhr, R.; Wiechmann, T. (2005): Flächenmanagement. In: ARL - Akademie für Raumforschung und Landesplanung (Hrsg.): Handwörterbuch der Raumordnung. Hannover, 317.
Müller-Herbers, S.; Molder, F.; Kauertz, C. (2011): Innenentwicklungskataster als Entscheidungsgrundlage für die kommunale Planung. In: Bock, S.; Hinzen, A.; Libbe, J. (Hrsg.) : Nachhaltiges Flächenmanagement – Ein Handbuch für die Praxis. Ergebnisse aus der REFINA-Forschung. Berlin, 246- 251.
Müller-Herbers, S.; Molder, F. (2009): „Eigentümeransprache lohnt sich", in: Bock, S.; Hinzen, A.; Libbe, J: (Hrsg.): Nachhaltiges Flächenmanagement – in der Praxis erfolgreich kommunizieren. Ansätze und Beispiele aus dem Förderschwerpunkt REFINA, Berlin, S. 67-76.
Preuß, T.; Floeting, H. (Hrsg.) (2009): Folgekosten der Siedlungsentwicklung. Bewertungsansätze, Modelle und Werkzeuge der Kosten-Nutzen-Betrachtung. = Beiträge aus der REFINA-Forschung, REFINA Band III). Berlin.
Ruther-Mehlis, A.; Fischer, H.; Weber, M. (2011): Regionaler Gewerbeflächenpool – das Beispiel Neckar-Alb. In: Bock, S.; Hinzen, A.; Libbe, J. (Hrsg.): Nachhaltiges Flächenmanagement – Ein Handbuch für die Praxis. Ergebnisse aus der REFINA-Forschung. Berlin, 158- 162.
Statistisches Bundesamt (2012): Nachhaltige Entwicklung in Deutschland. Indikatorenbericht 2012,.Wiesbaden.

Klaus Einig

Evaluierung in der Regionalplanung – Ergebnisse einer vergleichenden Plananalyse

Inhalt

1 Einleitung
2 Entwicklung des Evaluationsdesigns
3 Regionale Fallstudien der Planevaluation
4 Instrumentenorientierte Planevaluation
5 Steuerungsinstrumente der Siedlungsentwicklung
6 Steuerungsinstrumente zum Freiraumschutz
7 Fazit

1 Einleitung

Im Sinne der Planungstheorie ist die Evaluation ein zentraler Bestandteil komplexer Planungsprozesse und wäre daher auch als ein integrales Element der Regionalplanung anzusehen (vgl. Alexander 2006; Eggers 2006). Die Praxis der Regionalplanung in Deutschland sieht allerdings anders aus (vgl. Diller 2012; Einig et al. 2011; Einig, Zaspel 2012). Bevor ein Regionalplan fortgeschrieben oder neu aufgestellt wird, erfolgt in der Regel keine vergangenheitsorientierte Planevaluation des alten Plans. Nur in wenigen Ausnahmen wird vom Träger der Regionalplanung untersucht, wie die Planumsetzung (Implementation) verlaufen ist, welche nicht intendierten Planwirkungen verursacht wurden (Wirkungsanalyse) und wie der Planerfolg zusammenfassend zu bewerten ist (Erfolgskontrolle). Eine Ausnahme bildete bisher die Regionalplanung in Hessen. Das Hessische Landesplanungsgesetz verlangte bis zu seiner Aufhebung im Jahre 2002 die Erarbeitung eines Raumordnungsgutachtens bevor ein neuer Plan aufgestellt wurde. Dies sollte nach § 8 Abs. 2 HLPG raumbedeutsame Tatbestände und Entwicklungstendenzen in der Planungsregion beleuchten. Hierzu gehörte auch eine Auseinandersetzung mit den Steuerungswirkungen des Regionalplans. Raumordnungsgutachten können zwar nicht mit einer ex-post Planevaluation gleichgesetzt werden, sie enthalten aber bereits erste Ansätze. In anderen Ländern gab und gibt es bisher keine vergleichbare Praxis.

Durch die gesetzlich erzwungene Integration einer Umweltverträglichkeitsprüfung in das Aufstellungs- und Änderungsverfahren von Regionalplänen hat sich diese Enthaltsamkeit der Regionalplanung in Bezug auf Evaluationen verbessert. Mittlerweile sind in einem Umweltbericht die voraussichtlichen erheblichen Auswirkungen, die die Durchführung des Regionalplans auf die Umwelt hat, sowie anderweitige Planungsmöglichkeiten unter Berücksichtigung der wesentlichen Zwecke des Plans zu ermitteln, zu beschreiben und zu bewerten. Da sich dieser Evaluationsauftrag aber nur auf Umweltaspekte bezieht, ist eine generelle Evaluationspflicht für die Regionalplanung noch nicht in Sicht. Urteile über den Erfolg bzw. Misserfolg von Regionalplänen beruhen daher weiterhin auf Meinungen und Vorurteilen, aber nur selten auf systematischen empirischen Untersuchungen. Verbreiteten Vermutungen über ihre mangelnde Effektivität und ihr vermeintliches Steuerungsversagen kann nicht begegnet werden, wenn weiterhin so selten Wirkungsanalysen, Vollzugs- und Erfolgskontrollen einzelner Instrumente wie umfassender Regionalpläne durchgeführt werden. Um dieses Defizit zu verringern wurde im Bundesinstitut für Bau-, Stadt- und Raumforschung (BBSR) von 2007 bis 2010 in zwei Teilvorhaben des BMBF-Förderprogramms „Forschung für die Reduzierung der Flächeninanspruchnahme und ein nachhaltiges Flächenmanagement (REFINA)" die praktische Evaluierbarkeit von Regionalplänen untersucht. Für insgesamt sechs regionale Fallstudien konnte die Wirkung ausgewählter Instrumente, die Regionalpläne zur Steuerung der Siedlungsentwicklung einsetzen, analysiert werden (vgl. Einig et al. 2011; Jonas 2010; Zaspel 2012). Evaluationsansatz und einzelne Ergebnisse dieser Untersuchung werden in diesem Beitrag vorgestellt.

2 Entwicklung des Evaluationsdesigns

Um ein realistisches und praktikables Evaluationsdesign für Regionalpläne zu erhalten, ist eine Auseinandersetzung mit den Faktoren wichtig, die die geringe Verbreitung von Planevaluationen in der Praxis erklären. Erhebliche methodische Schwierigkeiten von Planevaluationen, ungünstige Datengrundlagen, aber auch der hohe Zeit- und Finanzaufwand, den die Durchführung einer Planevaluation erfordert, werden immer wieder als Erklärung für die geringe Verbreitung von Planevaluationen genannt (Fürst 2000). Praktische Evaluationsversuche fallen aber auch deshalb verhalten aus, weil sich verantwortliche Stellen nicht gerne mit dem Erfolg ihrer Steuerungsbemühungen beschäftigen. Diese Gründe

Evaluierung in der Regionalplanung 101

können die kaum vorhandene Verbreitung von Planevaluationen in der Regionalplanung aber nicht allein erklären (vgl. Diller 2012). Viele Schwierigkeiten der Evaluierbarkeit von Raumordnungsplänen hängen direkt mit dem Regulierungsmodus der Regionalplanung zusammen (vgl. Einig et al. 2011; Einig 2011a; Fürst 2000). Ihre Vorgaben sind meistens verhältnismäßig abstrakt und enthalten keine direkten Vorschriften für die Flächennutzung. Denn der Kompetenztitel des Raumordnungsrechts ermächtigt nicht zu Regelungen, die Grund und Boden unmittelbar zum Gegenstand haben (vgl. Bunzel, Hanke 2011: 24; Einig 2011b: 376 f.). Außerdem dürfen kommunale Planungen nicht im Detail unverhältnismäßig beschränkt werden (vgl. Bunzel 2012). Von Kritikern der Regionalplanung wird immer wieder eine zurückhaltendere Ausschöpfung ihres Konkretisierungsauftrages verlangt. Viele verbindliche Festlegungen in Regionalplänen steuern daher nicht sehr präzise. Als „Planung der Planung" nehmen Regionalpläne die Funktion einer Rahmenplanung wahr. Ihr Regulierungsmodus wird deshalb als Meta-Regulierung bezeichnet (Einig 2011a). Direkte Adressaten der Regulierung sind nicht individuelle Flächennutzer und private Vorhabenträger, sondern öffentliche Stellen, die in ihren Planungs- oder Genehmigungsentscheidungen erst die rechtlich verbindlichen Vorgaben schaffen, die die eigentlichen Flächennutzer und Projektträger binden. Neben den unterschiedlichen Plänen, die auf kommunaler Ebene erarbeitet werden, gehören zur direkten Zielgruppe der Regionalplanung die Maßnahmenplanungen sektoraler Fachplanungen und die behördlichen Zulassungsstellen für Bau- und Planungsvorhaben. In diesem Sinne können die verbindlichen Vorgaben von Regionalplänen erst dann direkte Flächennutzungseffekte auslösen, nachdem sie in Bauleit- und Fachplänen weiter konkretisiert wurden und in Entscheidungen von Genehmigungsbehörden über die Zulässigkeit raumbedeutsamer Planungen und Maßnahmen eingeflossen sind. Dieses Prinzip der Meta-Regulierung, das Folge der ausgeprägten Mehrebenenstruktur der Steuerung im deutschen Raumplanungssystem ist, zwingt in einer Evaluation von Regionalplänen gleichermaßen zur Messung von Wirkungen auf Seiten von Planungsträgern und Behörden sowie zur Identifikation planungsbedingter Änderungen der Flächennutzung. Kausale Beziehungen zwischen den Vorgaben des Regionalplans als Ursache und Veränderungen der realen Flächennutzung als Planwirkung können aufgrund der komplizierten Beziehungsstruktur zwischen abstrakter überörtlicher Raumordnungsplanung und konkreter Vorhabenplanung nur dann belegt werden, wenn die Anpassungsreaktionen der Kommunen, Fachplanungsträger und Genehmigungsbehörden datentechnisch erfassbar sind und mit Veränderungen der Flächennutzungsstruktur in einen kausalen Zusammenhang gebracht werden können. Dies scheitert zumeist, da keine geeigneten Daten vorliegen. Für die regionalen Fallstudien mussten neben den räumlich konkreten Planungsdaten von Regionalplänen und kommunalen Bauleitplänen ergänzend präzise Daten zur Entwicklung von Siedlungs- und Verkehrsfläche, zum Freiraum, zur Beschäftigten- und Bevölkerungsentwicklung und zur Bautätigkeit erschlossen werden. Diese Daten müssen auch ausreichend kleinräumig organisiert sein. Insbesondere die zeichnerischen Festlegungen von Regionalplänen steuern gebietsscharf, so dass Planevaluationen auf Daten unterhalb der Gemeindeebene angewiesen sind.

Da die Adressaten eines Regionalplans bei der Befolgung der verbindlichen Festlegungen zum Teil erhebliche Konkretisierungsspielräume haben, können über einen Soll-Ist-Vergleich ermittelte Abweichungen vom Plan nicht automatisch als Indiz für Fehlsteuerungen gewertet werden. Klarheit, welche Effekte eines Regionalplans bereits als Steuerungsversagen und welche Wirkungen noch als tolerierbare Auslegungsfreiräume zu interpretieren sind, lassen sich nur durch rechtliche Kenntnisse der Grenzen von Bindungswirkungen regionalplanerischer Instrumente und die Beschäftigung mit dem Vollzug von Regionalplänen gewinnen. Implementationsprozesse dürfen dabei nicht nur aus Sicht der Plangeber bewertet werden, sondern müssen ausreichend detailliert die Planadressaten in den Blick nehmen. Nur so ergibt sich ein realistisches Bild von der Steuerungswirklichkeit. Auch in anderen Bereichen der Evaluationsforschung sind die Stakeholder, die in Formulierung und Vollzug eines Programms involviert sind, in den Mittelpunkt der empirischen Forschung gerückt. Die Einbeziehung unterschiedlicher Stakeholdergruppen sieht insbesondere die theoriebasierte Evaluationsforschung als Grundbedingung an, um realistisch Verhaltenseffekte von Instrumenten und Programmen abschätzen zu können (vgl. Donaldson 2007).

Bisher basieren Evaluationen von Regionalplänen überwiegend auf isolierten Fallstudien. Dies liegt im Wesentlichen daran, dass den Anlass für eine Evaluation meistens der Plangeber selbst gibt. Seine limitierte Ressourcenausstattung und sein Erkenntnisinteresse führen zu einer Beschränkung auf den eigenen Plan. Basiert eine Evaluation allerdings nur auf einer einzelnen Fallstudie, fehlt es an einem relativierenden Vergleichsmaßstab. Werden hingegen Wirkungen und Erfolg mehrerer Raumordnungspläne auf der Grundlage einer einheitlichen Datenbasis und Evaluationsmethodik betrachtet, kann am Maßstab anderer Vergleichsobjekte erst nachvollziehbar beurteilt werden, ob eine starke oder schwache Wirksamkeit bzw. ein hoher oder geringer Erfolg betrachteter Instrumente vorliegt.

Da eine ex-post-Evaluierung von Plänen durchgeführt werden sollte, kamen nur solche Pläne in Frage, die bereits mehrere Jahre in Kraft sind. Um ihre Vergleichbarkeit zu gewährleisten, sollten die Regionalpläne einen ähnlichen Geltungszeitraum aufweisen.

Evaluierung in der Regionalplanung

Tab. 1: Geltungsdauer der untersuchten Regionalpläne (Quelle: eigene Zusammenstellung)

Plan	Geltungszeitraum
Regionalplan Düsseldorf	seit 1999 in Kraft
Regionalplan Mittelhessen	von 2001 bis 2010 in Kraft
Regionales Raumordnungsprogramm Hannover	von 1996 bis 2005 in Kraft
Regionalplan München	umfassende Überarbeitung des Regionalplans erfolgte mit 15. Änderung, seit 2002 in Kraft
Regionalplan Südwestthüringen	von 1999 bis 2011 in Kraft
Regionalplan Westsachsen	von 2001 bis 2008 in Kraft

Da Planevaluationen aufwendig durchzuführen sind, vor allem wenn sie mit einem vergleichenden Untersuchungsdesign durchgeführt werden, wird meistens nicht der gesamte Regionalplan einer Wirkungsanalyse und Erfolgskontrolle unterzogen. Im Rahmen der hier thematisierten regionalen Fallstudien wurden nur die Instrumente untersucht, die zur Steuerung der Siedlungsentwicklung und der baulichen Flächeninanspruchnahme im Regionalplan eingesetzt werden. Vor diesem Hintergrund wurde ein vergleichendes Fallstudiendesign mit einer einheitlichen Untersuchungsmethodik für die Durchführung der Refina-Teilvorhaben entwickelt, das einen Soll-Ist-Vergleich, eine Stakeholderbefragung und eine Vollzugsanalyse umfasste.

Im Rahmen des Soll-Ist-Vergleichs wurden in allen Fallstudien die Instrumente des Regionalplans, die zur Steuerung der Siedlungsentwicklung eingesetzt werden, den realen Entwicklungstrends in der Region gegenübergestellt. Da die verbindlichen Festlegungen von Text und Karte eines Regionalplans häufig räumlich sehr konkret steuern, mussten möglichst kleinräumig aussagefähige Daten erschlossen werden. Um Entwicklungen beurteilen zu können, waren Zeitreihendaten notwendig, die möglichst den gesamten Geltungszeitraum eines Plans abdecken. Von der administrativen Statistik ließen sich nur gemeindescharfe Daten nutzen. Daten auf Ortsteilebene liegen hier in der Regel leider nicht vor. Für Soll-Ist-Vergleiche der zeichnerischen Festlegungen von Regionalplänen sind administrative Daten aber kaum geeignet. Um räumliche Veränderungen der Flächennutzungsstruktur sinnvoll abbilden zu können, werden Geodaten benötigt. Da im Vorhaben keine eigenen Auswertungen von Luftbild- und Fernerkundungsdaten durchgeführt wurden, mussten die räumlichen Analysen, die mittels Geographischen Informationssystems durchgeführt wurden, allgemein verfügbare digitale Geodaten zur Bodenbedeckung (CORINE-Landcover) und zu den Gebäude- und Infrastrukturflächen (Amtliches Topographisch-Kartographisches Informationssystem - ATKIS) nutzen. Eine zeitlich differenzierte Gegenüberstellung von geplanter und tatsächlicher Flächennutzung war mit diesem Datenpool allerdings nur in Grenzen möglich. Erst mit einem gebäudescharfen Datensatz, der im Rahmen des Sementa-Change Projektes durch Analyse topographischer Karten (1:25.000) als Zeitreihen-Geodaten für die Regionen Düsseldorf und Hannover extra gebildet werden musste (vgl. Meinel et al. 2011), lag eine Datenquelle vor, die den Anforderungen eines Soll-Ist-Vergleichs für Regionalpläne voll gerecht wird.

Angesichts der gravierenden Schwierigkeiten, geeignete Daten für den Soll-Ist-Vergleich auf regionaler Ebene zu erschließen, musste nach anderen empirischen Zugängen für die Evaluation von Instrumenten eines Regionalplans Ausschau gehalten werden. Eine Möglichkeit stellt die Stakeholderbefragung dar. In allen regionalen Fallstudien wurde eine schriftliche Befragung der Gemeinden einer Planungsregion als wichtigste Adressaten eines Regionalplans durchgeführt. Gefragt wurde nach der Wirksamkeit, der Akzeptanz und dem Reformbedarf der Instrumente, die im Regionalplan zur Steuerung der Siedlungsentwicklung eingesetzt werden. In diesem Beitrag wird nur auf die Bewertung der Steuerungseffektivität eingegangen. Der Fragebogen für alle sechs Fallstudien war einheitlich aufgebaut, gestattete aber auch eine Ausrichtung auf die spezifischen Instrumente jedes Regionalplans.

Die dritte empirische Komponente des Evaluationsansatzes bildet die Untersuchung des Regionalplanvollzuges durch eine Inhaltsanalyse von Stellungnahmen insbesondere zu Flächennutzungsplanverfahren. Der Regionalplanungsträger ist bei allen Bauleitplanverfahren der Gemeinden beteiligt. Untersucht wurde, ob in den Stellungnahmen der Regionalplanungsbehörde ein Einklang oder ein Konflikt des beurteilten Verfahrens zu Festlegungen des Regionalplans vorlag. So konnte für jedes untersuchte Instrument dessen Konflikthäufigkeit in Flächennutzungs- und Bebauungsplanverfahren ermittelt werden.

3 Regionale Fallstudien der Planevaluation

Als Fallstudien wurden in Westdeutschland die Planungsregionen Hannover, Düsseldorf, Mittelhessen sowie München und in Ostdeutschland die Planungsregionen Westsachsen und Südwestthüringen ausgewählt. In Bezug auf den Verstädterungsgrad und die Dynamik der Entwicklung der Siedlungs- und Verkehrsfläche unterscheiden sich die Regionen deutlich.

Evaluierung in der Regionalplanung

Tab. 2: Verstädterungsgrad und Entwicklung der Siedlungs- und Verkehrsfläche (SuV) der Fallstudienregionen (Quelle: Daten der Flächenerhebung, eigene Zusammenstellung)

Planungsregionen	Anteil der SuV-Fläche an der Katasterfläche		Absoluter SuV-Zuwachs	
	2007 in %	Bestand 2007 in ha	1996-2007 in ha	Entwicklung 1996-2007 in %
Düsseldorf	32,6	172.527	15.703	10
Mittelhessen	14,3	77.061	3.716	5,1
Hannover	21,5	49.320	3.411	7,4
Südwestthüringen	8,3	34.576	2.939	9,3
München (nur bis 2004)	15,4	84.865	6.473	8,2
Westsachsen	12,8	56.203	7.473	15,8

Erst seit der Verankerung des 30-ha-Ziels in der nationalen Nachhaltigkeitsstrategie der Bundesregierung beschäftigt sich die Raumordnungspolitik intensiver mit dem Thema „flächensparende Siedlungsentwicklung". Kein Land ist prinzipiell an einer ungesteuerten Entwicklung interessiert. Bisher wurde das 30-ha-Ziel aber erst in einzelnen Fällen durch ein landesweites quantitatives Mengenziel flankiert. Flächenpolitisch engagierte Länder verfolgen eher unverbindliche kooperative Steuerungsansätze, die auf Freiwilligkeit basieren. Mittels kooperativer Ansätze soll die politisch gewünschte Flächenwende durch flächensparende Innenentwicklung und Brachflächenrevitalisierung umgesetzt werden. Auf hierarchische Mengenzielvorgaben verzichtet die Raumordnungsplanung fast vollständig. Aus Sicht der Raumordnung ist es deshalb auch nicht ohne weiteres zu beantworten, ob ein Siedlungs- und Verkehrsflächenzuwachs beispielsweise von 10% in der Region Düsseldorf schlechter zu bewerten ist, als ein Zuwachs von 9,3% in der Region Südwestthüringen. In der Regel halten die Raumordnungspläne keine Maßstäbe bereit, um den Umfang des Siedlungs- und Verkehrsflächenwachstums in einer Region zu bewerten. Hingegen wird die räumliche Verteilung der Siedlungsentwicklung innerhalb eines Landes oder Teilraumes traditionell durch Vorgaben der Landes- und Regionalplanung beeinflusst. Das räumliche Wachstumsmuster der Siedlungs- und Verkehrsflächenentwicklung kann daher auch eher im Rahmen einer Planevaluation thematisiert werden. Verlief das Wachstum auf die zentralen Orte konzentriert, haben die engeren Zonen des suburbanen Raumes vorrangig vom Zuwachs profitiert oder ist in der Region ein disperses Wachstumsmuster zu verzeichnen, bei dem auch ländlichperipher gelegene Orte an der Expansion des Siedlungsraumes stark beteiligt waren? Von diesen Wachstumsmustern wird in der Regel nur die dezentrale Konzentration dem raumordnerischen Leitbild gerecht, das weitgehend mit einer Ausrichtung der Siedlungsentwicklung auf die zentralen Ortsteile gleichgesetzt wird.

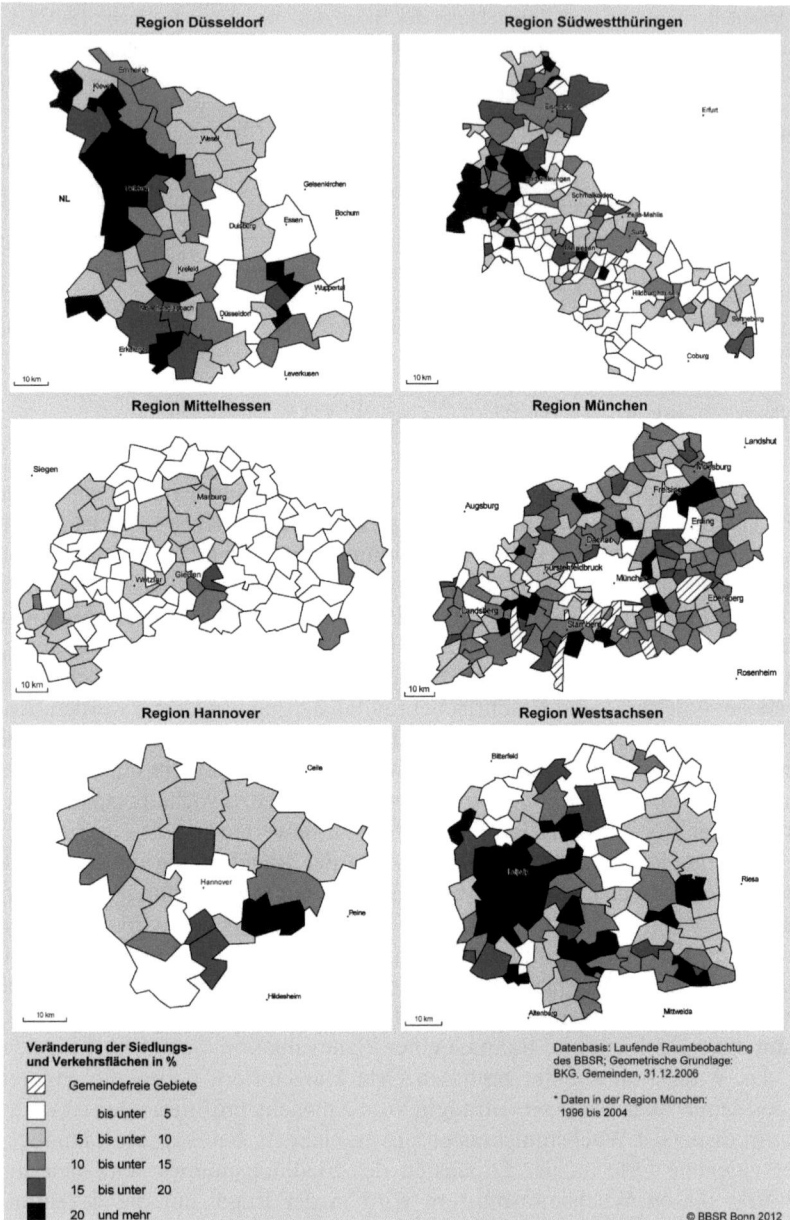

Abb. 1: Entwicklung der Siedlungs- und Verkehrsfläche auf Gemeindeebene (Quelle: Daten der Flächenerhebung, eigene Zusammenstellung)

Evaluierung in der Regionalplanung

Betrachtet man allerdings die Karte mit dem Wachstumsmuster der Siedlungs- und Verkehrsflächenentwicklung, so wird schnell deutlich, dass in kaum einer Region ein raumordnerisch idealtypischer Wachstumspfad realisiert werden konnte. In einigen Regionen (München, Westsachsen, Düsseldorf, Südwestthüringen) lässt sich ein räumlich heterogenes, disperses Wachstum beobachten, während in der Region Hannover eine Konzentration des Wachstums in den Gemeinden des engeren suburbanen Umlands der Stadt Hannover feststellbar ist. In der Region Mittelhessen konnte eine insgesamt niedrige Suburbanisierungsintensität angetroffen werden, bei der die Gemeinden der Region nur ein moderates Wachstum der Siedlungs- und Verkehrsfläche realisiert haben.

4 Instrumentenorientierte Planevaluation

Aufgrund des Einflusses des Raumordnungsgesetzes des Bundes, das über Jahrzehnte als Rahmengesetzgebung zu einer harmonisierten Instrumentenentwicklung in den Ländern beigetragen hat, weisen die untersuchten Regionalpläne, bei allen Unterschieden im Detail, eine hohe strukturelle Ähnlichkeit auf (vgl. BBSR 2012: 164 ff). So sind die rechtlichen Bindungswirkungen, die von verbindlichen zeichnerischen oder textlichen Festlegungen in Regionalplänen ausgehen können, bundesweit standardisiert. Unterschieden werden Ziele und Grundsätze der Raumordnung sowie die sonstigen Erfordernisse der Raumordnung. Im Text eines Regionalplans enthaltene Plansätze und seine zeichnerischen Planelemente können somit unterschiedliche rechtliche Normqualitäten aufweisen, die abweichende Bindungswirkungen für ihre Adressaten erzeugen. Mit welcher raumordnungsrechtlichen Bindungswirkung die einzelnen Inhalte eines Regionalplans versehen werden, entscheiden die Plangeber im Rahmen ihrer Planungsfreiheit in gewissen Grenzen selbst. Bei den zeichnerischen Planelementen ist diese Freiheit allerdings stärker eingeschränkt, als bei den textlichen Plansätzen. So sieht der Bundesgesetzgeber vier Grundtypen von Raumordnungsgebieten (Vorrang-, Vorbehalts-, Eignungs- und kombinierte Vorrang-Eignungsgebiete) vor, die sich durch jeweils spezifische Rechtsfolgen für ihre Adressaten unterscheiden. Die Landesgesetzgeber haben abschließend definiert – vorrangig in Planzeichenverordnungen –, welche dieser Grundtypen zur Steuerung der Siedlungsentwicklung und des Freiraumschutzes von den Regionalplanungsträgern anzuwenden sind und welche landesspezifischen Sonderformen ergänzend zum Einsatz kommen.

Bereits die individuelle Festlegung von Zielen und Grundsätzen der Raumordnung ist in den untersuchten sechs Regionalplänen sehr unterschiedlich. Eine grundsätzlich höhere Restriktivität erreichen die Regionalpläne, deren textliche Plansätze und Planzeichen überwiegend als Ziele der Raumordnung gekennzeichnet sind. Ziele der Raumordnung verlangen von ihren Adressaten eine zwingende Befolgung der Vorgabe des Regionalplans (Beachtenspflicht), während Grundsätze der Raumordnung und sonstige Erfordernisse nur eine möglichst hohe Realisierung der normativen Vorgaben des Plans fordern (Berücksichtigungspflicht). Nach § 3 Abs. 1 Nr. 2 ROG muss ein Plansatz, um die rechtlichen Wirkungen eines Ziels der Raumordnung zu erreichen, räumlich und sachlich bestimmt und vom Träger der Raumordnung abschließend abgewogen sein. Durch ein Ziel der Raumordnung werden den Planadressaten somit deutlich konkretere und nicht disponible Handlungsaufträge erteilt, als durch einen Grundsatz der Raumordnung. Über die Vorgaben eines Ziels der Raumordnung darf sich ein Adressat nicht im Rahmen der eigenen Abwägung hinwegsetzen. Ganz anderes ist die Situation bei der Festlegung eines Grundsatzes der Raumordnung. Hier wird der Adressat nur zur Berücksichtigung des jeweiligen Belangs in einer nachvollziehenden Abwägungsentscheidung gezwungen. Diese kann nach Lage der Dinge vor Ort und dem Gewicht anderer Belange auch anders ausfallen, als dies vom Plangeber der Regionalplanung ursprünglich intendiert war. Grundsätze wirken wie ein Optimierungsgebot. Sie sollen den Adressaten dazu veranlassen, einen bestimmten Belang mit einem möglichst hohen Gewicht bei seinen eigenen Planungsentscheidungen zu berücksichtigen. In diesem Sinne gebieten auch Grundsätze etwas, „wenn auch nicht strikt, sondern nur relativ" (Schulte 1996: 44).

Betrachtet man das quantitative Mengenverhältnis des Einsatzes von Zielen und Grundsätzen der Raumordnung zur Steuerung der Siedlungsentwicklung, so ist formalrechtlich der Regionalplan aus Düsseldorf am restriktivsten einzuschätzen, gefolgt vom Regionalplan aus Mittelhessen, dem Plan aus der Region Hannover und dem Regionalplan Westsachsen. Nur der Regionalplan von Düsseldorf legt ausschließlich Ziele der Raumordnung fest. Verhältnismäßig wenig restriktiv sind die Regionalpläne aus Bayern und Thüringen. Hier kommen eine große Zahl von Grundsätzen der Raumordnung zum Einsatz. Außerdem wirkt sich faktisch abschwächend auf die Normqualität aus, dass auf eine Kennzeichnung von Zielen und Grundsätzen der Raumordnung verzichtet wurde. Beim Plan aus Thüringen generell und beim Plan aus München zumindest bei seinen älteren rechtlich in Kraft befindlichen Teilen.

Das Mengenverhältnis von Zielen und Grundsätzen der Raumordnung darf allerdings als Indikator für die Restriktivität eines Plans nicht überbewertet werden. So kann allein auf der Grundlage der Anzahl der Plansätze, die als Ziel der Raumordnung ausgewiesen wurden, noch nicht beurteilt werden, ob ein Plan mit mehr Zielsätzen strikter steuert, als ein Plan mit weniger Plansätzen. Denn ein Plangeber kann im einen Fall einen Regelungsgegenstand im Rahmen eines längeren Absatzes als einen einzigen Plansatz mit Zielcharakter formulieren und in einem anderen Fall die gleiche Materie auf mehrere kürzere Plansätze verteilen, die jeweils für sich individuell als Plansätze eines Ziels der Raumordnung gezählt werden.

Evaluierung in der Regionalplanung 109

Das zahlenmäßige Verhältnis zwischen Zielen und Grundsätzen kann allerdings in seinen extremeren Ausprägungen, wenn bewusst auf Ziele bzw. Grundsätze verzichtet wird, als Indiz für einen stark oder gering ausgebildeten Steuerungsanspruch des Plangebers gewertet werden. Analog zum politikwissenschaftlichen Instrumentenverständnis lassen sich die Steuerungsmittel eines Regionalplans auch als Instrumente interpretieren, die eingesetzt werden, um die Adressaten des Plans in ihrem Verhalten so zu beeinflussen, dass diese die Handlungen ergreifen bzw. unterlassen, die kompatibel mit den gesetzten Vorgaben sind. In diesem Sinne optimiert ein Regionalplan als Zweckprogramm Mittelkombinationen im Hinblick auf zu realisierende Ziele (vgl. Hoppe, Schoeneberg 1987: 188). Die Anzahl der verfolgten Zwecke überwiegt sogar häufig die Anzahl der Mittel. Durch den Einsatz eines Instruments sind in der Regel mehrere Zwecke zu erreichen. Im Gegensatz zur planungswissenschaftlichen Literatur, die meistens nur den Regionalplan selbst als ein Instrument betrachtet, nicht jedoch seine internen Bestandteile aus instrumenteller Perspektive wahrnimmt, wird hier der gesamte Regionalplan als ein multipler Instrumentenverbund mit einem regulativen Charakter aufgefasst (vgl. Bartram 2012; Einig 2011a). Nach diesem Verständnis legt ein Regionalplan mit seinen einzelnen Instrumenten verbindliche Regeln fest (Ermächtigungen/Begünstigungen ebenso wie Verbote/Einschränkungen), die in Verfügungsrechte der Planadressaten eingreifen. Nach diesem Verständnis basiert die Steuerungskraft der einzelnen Instrumente entweder auf Anreiz oder Zwang.

Ohne seine unterschiedlichen Instrumente könnte ein Regionalplan die Koordination und den Ausgleich zahlreicher, in ihrem Verhältnis zueinander oft komplexer Interessen nicht erbringen, die häufig miteinander verschränkt sind oder im Konflikt zueinander stehen (BVerwG v. 30.4.1969 – IV C 6.68 –, BRS 22 Nr. 3,5). Erst sein komplexes Instrumentarium setzt den Träger der Regionalplanung in die Lage, die erforderliche Abstimmungs- und Ausgleichsleistung zu erbringen und die Ergebnisse der planerischen Abwägung aller Raumansprüche unter Beteiligung aller betroffenen Parteien zufriedenstellend in ein Konzept der räumlichen Ordnung und Entwicklung zu überführen und dieses mit rechtlicher Verbindlichkeit auszustatten (vgl. Hoppe, Schoeneberg 1987: 186).

Die Vielfalt der Instrumente, die in Regionalplänen zum Einsatz kommen, lässt sich auf die steuerungstechnischen Grundelemente „Ziel" und „Grundsatz der Raumordnung" sowie die verschiedenen Raumordnungsgebietstypen zurückführen und kann auf zwei Instrumentengrundtypen verdichtet werden:

- Instrumente zur Siedlungsentwicklung bezwecken eine unmittelbare Beeinflussung der baulichen Flächeninanspruchnahme, in dem die Standorte oder der Umfang der Baulandentwicklung der Gemeinden und die Vorhabenentwicklung der Fachplanung im Regionalplan festlegt werden.
- Instrumente zum Freiraumschutz erhöhen den Schutzstatus von bisher nicht baulich genutzten Gebieten, die aufgrund ihrer Naturausstattung, ihrer Be-

deutung für die Kulturlandschaft, ihrer Funktion für Land- und Forstwirtschaft, Klimaschutz, Hochwasservorsorge, Grundwasserschutz oder die Wahrnehmung von Freiraumfunktionen vor einer bauleit- oder fachplanerischen Widmung für Bauzwecke bewahrt werden sollen.

Instrumente des Freiraumschutzes gehören der Klasse der negativplanerischen Steuerungsansätze an, während Instrumente zur Lenkung von Umfang und Standorten der baulichen Flächeninanspruchnahme den positivplanerischen Ansätzen zugerechnet werden (vgl. Einig 2005; Siedentop 2008). Ein generelles Merkmal von Regionalplänen besteht darin, dass ihre Instrumente nicht isoliert voneinander eingesetzt werden, sondern im Verbund interagieren. Entsprechend basieren die Instrumentenverbünde von Regionalplänen zur Steuerung der Siedlungsentwicklung auf einer Arbeitsteilung positiv- und negativplanerischer Instrumente. Der Schutz des Freiraums vor Bebauung und die Bereitstellung von Flächen, auf die sich eine bauliche Nutzung konzentrieren soll, sind komplementäre Steuerungsansätze. Zwischen den Regionalplänen bestehen allerdings in Folge unterschiedlicher Traditionen der Landesplanungsgesetzgebung erhebliche Unterschiede. Hiervon sind weniger die negativplanerischen Steuerungsansätze betroffen, die bei allen Regionalplänen sehr ähnlich ausgebildet sind (vgl. Einig, Dora 2009). Große Unterschiede bestehen vor allem bezüglich des Stellenwertes der positivplanerischen Steuerungsinstrumente. So nutzen die untersuchten Regionalpläne aus Bayern und Thüringen so gut wie keine Steuerungsansätze zur direkten Lenkung der Bauland- und Infrastrukturentwicklung, während die Regionalpläne aus Nordrhein-Westfalen und Hessen seit Jahrzehnten dieser Steuerungsform einen hohen Stellenwert zumessen.

5 Steuerungsinstrumente der Siedlungsentwicklung

Die Siedlungsentwicklung kann durch Regionalpläne auf unterschiedlichem Wege aktivplanerisch beeinflusst werden:

- durch zentral örtliche Statusfestlegung und Konzentration der Baulandentwicklung auf die zentralen Orte,
- Lenkung der kommunalen Baulandentwicklung auf die Haltepunkte des Schienenverkehrs,
- Beschränkung ländlicher Ortsteile und Gemeinden auf ihre Eigenentwicklung,
- Ausweisung von Vorranggebieten für Siedlungsentwicklung, auf die die Baulandentwicklung der Gemeinden zu konzentrieren ist,
- Festlegung von Flächenkontingenten, die den maximal möglichen Umfang der Baulandentwicklung je Gemeinde vorgeben.

Evaluierung in der Regionalplanung 111

Konzentration der Bautätigkeit auf zentrale Orte

Zentralörtliche Statusfestlegungen sind ein klassischer Steuerungsansatz der Raumordnung, der allerdings nicht in allen Planungsregionen auch zur Lenkung der Baulandentwicklung der Gemeinden eingesetzt wird. Grundsätzlich soll die Festlegung zentraler Orte in erster Linie die Versorgung der Bevölkerung mit bestimmten Dienstleistungsbündeln sicherstellen und erst in zweiter Linie einer Konzentration der Siedlungsentwicklung auf zentrale Orte dienen. In den Regionen, wo jede Gemeinde einen zentralörtlichen Status aufweist, dies ist in den Planungsregionen Düsseldorf, Mittelhessen und Hannover der Fall, kann dieser Steuerungsansatz nur dann eine Bedeutung spielen, wenn eine ortsteilscharfe Steuerung verfolgt wird. Dies ist allerdings nur in Hannover und Mittelhessen der Fall. Hier wird der zentralörtliche Status nicht der ganzen Gemeinde zugeteilt, sondern bleibt dem dominierenden Ortsteil vorbehalten. Eine solche ortsteilscharfe Steuerungspraxis ist in Deutschland immer noch die Ausnahme. In Düsseldorf, Westsachsen, München und Südwestthüringen sind die zentralörtlichen Statusfestlegungen gemeindescharf ausgelegt. Keine faktische Rolle spielt die Ausrichtung der Siedlungsentwicklung auf die zentralen Orte im Steuerungsansatz des Regionalplans Düsseldorf. Eine Konzentration der Neubautätigkeit auf die zentralen Orte wird explizit nur in wenigen Regionalplänen als textliches Ziel der Raumordnung festgelegt. Da die Steuerungsintention überwiegend durch einen sachlich nicht sehr konkretisierten Grundsatz der Raumordnung verfolgt wird und keine Aussage darüber enthalten sind, ob eher die ober-, mittel- oder unterzentralen Gemeinden an der Neubautätigkeit und damit auch am Wachstum der Siedlungs- und Verkehrsfläche partizipieren sollen, konnten keine ausgeprägten Planwirkungen in den Fallstudien erkannt werden. Eine Überprüfung des Steuerungserfolges wurde mit gemeindescharfen Daten der Flächenerhebung, die in der Vergangenheit alle vier Jahre bundesweite Daten zur Entwicklung der Siedlungs- und Verkehrsfläche liefert, und Daten zur Bevölkerungsentwicklung vorgenommen. Im Ergebnis zeigt sich in den Regionen eine uneinheitliche Verteilung des Siedlungs- und Verkehrsflächenzuwachs und der Bevölkerungsentwicklung auf die unterschiedlichen zentrale-Orte-Typen und Gemeinden ohne zentralörtlichen Status (vgl. Einig et al. 2011). Entscheidend erweist sich die Intensität von Suburbanisierungsprozessen. In der Region München und Düsseldorf spielt die Suburbanisierung nach wie vor eine erhebliche Bedeutung, während sie in den Regionen Südthüringen und Westsachsen quasi zum Erliegen gekommen ist. Hier haben seit den 1990er Jahren alle Gemeindetypen an Bevölkerung verloren. Eine mittlere Intensität konnte in der Region Hannover, Mittelhessen und Westsachsen identifiziert werden.

In der Kommunalbefragung wird die Ausrichtung der Siedlungsentwicklung am Zentrale-Orte-Konzept nur in der Region Hannover bestätigt. Hier bescheinigten 47% der Kommunen, die an der Befragung teilgenommen haben, dem

Regionalplan einen Steuerungserfolg. Für die Regionalpläne in Südwestthüringen, in Westsachsen und in München wird die Konzentration der Siedlungsentwicklung auf die zentralen Orte eher als nicht erfolgreich bewertet. Diese Einschätzung wird auch durch die Vollzugsanalyse gedeckt. Nur in Südwestthüringen konnte ein Konflikt in einem Flächennutzungsverfahren im Zeitraum von 2000 bis 2008 festgestellt werden.

Lenkung der Bautätigkeit auf Haltestellen des öffentlichen Schienenverkehrs

Nicht in allen Planungsregionen wird durch verbindliche Plansätze versucht, die Wohnungsneubautätigkeit auf das Umfeld von Haltestellen leistungsfähiger Buslinien und des Schienen-ÖV auszurichten, um autoorientierte Entwicklungen zu begrenzen, einer dispersen Siedlungsstruktur vorzubeugen oder die Auslastung des öffentlichen Verkehrs zu sichern. Eine entsprechende Siedlungspolitik wird eher in verdichteten Regionen und seltener in ländlich strukturierten Räumen beobachtet. Unterschiede zwischen den Regionalplänen bestehen darin, ob ein solcher Plansatz als Ziel der Raumordnung oder als Grundsatz im Text des Regionalplans festgelegt wird. Die Regionalpläne von Düsseldorf und Hannover setzen ein Ziel der Raumordnung ein, die Regionalpläne von Mittelhessen und München steuern durch einen Grundsatz. In Westsachsen wird eine Lenkung auf Schienen-ÖV-Haltestellen über eine Ausweisung von Bereichen für Siedlungsentwicklung verfolgt, die als Ziel der Raumordnung festgelegt sind. In Südwestthüringen wird eine Ausrichtung der Neubautätigkeit auf ÖV-Haltestellen nicht explizit als Steuerungsziel verfolgt. Ein besonders ambitionierter Steuerungsansatz wird in der Region Hannover durch Vorgabe einer gestaffelten Bebauungsdichte angewandt. Im engeren Einzugsbereich um Haltestellen der Stadtbahn sollen beim Neubau 30 bis 40 Wohneinheiten je Hektar erreicht werden. Im weiteren Einzugsbereich sinkt die Mindestdichtevorgabe auf 20 Wohneinheiten ab.

Der Soll-Ist-Vergleich der Plansätze zur Lenkung der Bautätigkeit auf Haltestellen kann mit den am Markt zur Verfügung stehenden Daten der administrativen Statistik sowie Geodaten zur Flächennutzung nicht evaluiert werden. Es werden kleinräumige Bebauungsdaten benötigt, soll bestimmt werden, wie stark die Neubautätigkeit im Einzugsradius der Haltestellen und außerhalb verlaufen ist. Entsprechende Daten lagen nur für die Regionen Hannover und Düsseldorf aus einer Aufbereitung topographischer Karten im Maßstab 1:25.000 vor (Sementa-Change). Mittels dieser gebäudescharfen Daten wurde nur für die Haltepunkte im Schienennetz die Lage des Gebäudeneubaus überprüft. In beiden Regionen konnte eine hohe Ausrichtung der Bautätigkeit auf das Haltestellenumfeld festgestellt werden, allerdings erreicht die Region Hannover eine insgesamt höhere Konzentration, da ihr Haltestellennetz die Region deutlich dichter abdeckt. Während in der Region Düsseldorf 18 Kommunen keinen Haltepunkt im Schienennetz aufweisen, sind dies in der Region Hannover nur 2 Gemeinden. Dieses Ergebnis wird auch durch die Befragung der Kommunen gedeckt. In der Region Hannover bewerten 40% der antwortenden Kommunen die Zielerreichung als erfolgreich, während dies in der Region Düsseldorf nur 12% ähnlich sehen. Hier bewerten 26% der antwortenden Gemeinden die Zielerreichung einer Neubaukonzentration auf Haltepunkte als wenig bzw. überhaupt nicht erfolgreich. In der Region München sehen knapp mehr Gemeinden einen Erfolg als einen Misserfolg der Ausrichtung auf den Schienen-ÖV.

Die Vollzugsanalyse konnte in keiner Region Konflikte zwischen dem Ziel bzw. Grundsatz einer Ausrichtung der Bautätigkeit auf Haltestellen und den Bauleitplänen der Gemeinden ermitteln.

Bei der Bewertung des Steuerungsansatzes muss generell hinterfragt werden, ob durch einen verbindlichen Plansatz in einem Regionalplan überhaupt eine Steuerungswirkung auf die Verortung der Neubautätigkeit erreicht werden kann. In der Regel liegen die Haltestellen des Schienen-ÖV ja nicht auf der grünen Wiese. Meistens sind sie bereits in den existierenden baulich geprägten Siedlungsraum integriert. Auf den Gebäudebestand hat die Regionalplanung in der Regel keinen steuernden Zugriff. Wenn in Regionen eine starke Ausrichtung der Neubautätigkeit auf Haltestellen des Schienen-ÖV festgestellt werden kann, so liegt dies überwiegend an der hohen Attraktivität solcher Standorte. Dies drückt sich auch in den Immobilienpreisen aus. Gut an den leistungsfähigen Schienenverkehr angeschlossene Standorte sind wesentlich teurer, als periphere Lagen. Es kann somit vermutet werden, dass ein leistungsfähiges Stadtbahnnetz aus sich heraus die Kräfte mobilisiert, die zu einer räumlichen Ballung der Neubautätigkeit im Umfeld seiner Haltestellen führt. Positiv wirkt sich in jedem Fall eine aktive Schienennetzplanung aus, wie das Beispiel der Region Hannover demonstriert, wo seit Jahrzehnten eine integrierte Siedlungs- und ÖV-Planung betrieben wird.

Beschränkung ländlicher Gemeinden auf Eigenentwicklung

In den meisten Ländern werden Gemeinden und Ortsteilen mit einem sehr ländlichen Charakter und einer unterdurchschnittlichen Infrastrukturausstattung, raumordnerische Schranken in Form einer Begrenzung auf ihren Eigenentwicklungsbedarf auferlegt. Diese Steuerungsstrategie, die komplementär zur Ausrichtung der Bevölkerungs- und Siedlungsentwicklung auf zentrale Orte verfolgt wird, soll Suburbanisierungsprozesse dämpfen und den Siedlungs- und Verkehrsflächenzuwachs an nicht-zentralen Orten möglichst niedrig halten. Die Begrenzung der Baulandentwicklung einer Gemeinde auf ihren Eigenbedarf bezieht sich auf die Fläche für Wohnbauland und Gewerbegebiete, die zur Deckung des örtlichen Bedarfs erforderlich ist (vgl. Schmidt-Eichstaedt 2004:

109). Durch eine Festlegung auf Eigenentwicklung soll ein unkontrollierter Zuwachs der Bevölkerung oder der Unternehmen durch Zuwanderung und Ansiedlung unterbunden werden. Den Flächenbedarf, der durch Anwohner des Ortes und ortsansässige Betriebe ausgelöst wird, stellt dieser Steuerungsansatz nicht in Frage. Wenn keine anderen zentralen Belange, wie der Schutz der Landschaft, dagegen sprechen, kann der Eigenbedarf der Gemeinde an Bauland auch durch eine städtebauliche Entwicklung im Außenbereich befriedigt werden. Deutschlandweit wird überwiegend von Eigenentwicklung gesprochen, in Bayern heißt es organische Entwicklung. Während in Südwestthüringen, Westsachsen und München auf eine gemeindescharfe Steuerung gesetzt wird, sehen die Regionalpläne von Düsseldorf, Hannover und Mittelhessen einen ortsteilscharfen Steuerungsansatz vor. Deutliche Unterschiede bestehen im Restriktivitätsniveau der Festlegungspraxis (vgl. Schwabedahl 2011). In den untersuchten Regionalplänen werden überwiegend textliche Plansätze in Form eines Ziels der Raumordnung eingesetzt. Lediglich die Regionalpläne von Südwestthüringen und München steuern über einen Grundsatz der Raumordnung.

Je nachdem, ob ein qualitativer oder ein quantitativer Steuerungsansatz gewählt wird, weist die Konkretheit der Festlegung deutliche Unterschiede auf. So lässt der qualitative Steuerungsansatz in der Region München weitgehend offen, wann die Grenze einer zulässigen organischen Entwicklung im Außenbereich einer Gemeinde überschritten ist. Aber auch mit einem quantitativen Steuerungsansatz kann eine unpräzise Steuerung verfolgt werden. In Mittelhessen wird mit einem verbindlichen Richtwert gearbeitet, der für alle auf Eigenentwicklung beschränkten Ortsteile – unabhängig von ihrer Größe – gilt. Für den Geltungszeitraum des Regionalplans stehen den beschränkten Ortsteilen maximal fünf Hektar Zuwachsfläche für Baulandentwicklung zur Verfügung. Dieser Wert hat sich in der Praxis als viel zu umfangreich erwiesen. Die Schranke liegt somit in der Regel viel zu hoch. In Südwestthüringen wird ein unverbindlicher Orientierungswert zur Steuerung eingesetzt. Hier ist je 1.000 Einwohner einer Gemeinde ein Eigenentwicklungsbedarf von 1-2 ha Wohnbaufläche zulässig. In Düsseldorf sind die Ortsteile unter 2000 Einwohner auf Eigenentwicklung festgelegt. In Düsseldorf und Hannover hat sich im untersuchten Zeitraum ein informeller Orientierungswert herausgebildet, der nicht im Regionalplan festgeschrieben ist. Nach diesem Wert darf der Bevölkerungszuwachs in den auf Eigenentwicklung festgelegten Ortteilen im Gültigkeitszeitraum des Regionalplans nicht über 10% ansteigen. Die Steuerungskraft dieses informellen Ansatzes wird in Düsseldorf durch eine verbindliche Ausnahmeregelung aufgeweicht. Kann in einem beschränkten Ortsteil eine ausreichende Tragfähigkeit der vorhandenen und öffentlichen Infrastruktur nachgewiesen werden und sprechen keine Belange des Landschaftsschutzes dagegen, ist eine Außenbereichsentwicklung über den Eigenbedarf zulässig.

Evaluierung in der Regionalplanung

Ein Soll-Ist-Vergleich für Festlegungen der Eigenentwicklung ist in den Planungsräumen kaum möglich, wo eine Steuerung auf Ortsteilebene stattfindet. Bis auf die Regionen Düsseldorf und Hannover liegen keine kleinräumigen Daten zur Bautätigkeit vor. Aber auch in den Regionen, wo eine gemeindescharfe Festlegung der Eigenentwicklung erfolgt, wird die Evaluierbarkeit der Eigenbedarfsfestlegung durch das limitierte Datenangebot eingeschränkt. Hier sind es vor allem die fehlenden Daten zur Baulandentwicklung der einzelnen Gemeinden, die die Planevaluation behindern.

Eine genauere Überprüfung der Steuerungseffektivität ortsteilscharfer Steuerungsansätze konnte nur in den Regionen Düsseldorf und Hannover mit Sementa-Change-Daten erfolgen. In der Region Düsseldorf sind 64 Ortsteile und in der Region Hannover 140 Ortsteile durch die untersuchten Regionalpläne auf Eigenentwicklung festgelegt. Im analysierten Zeitraum fand in der Region Hannover (1991-2005) eine deutlich höhere Bautätigkeit in den auf Eigenbedarf beschränkten Ortsteilen statt, als in der Region Düsseldorf (1994-2005). Die Bevölkerungsentwicklung lag in Hannover in den beschränkten Ortsteilen sogar über dem Regionsdurchschnitt (vgl. Einig et al. 2011). Im Folgeplan der Region Hannover wurde die Restriktivität des Eigenentwicklungssteuerungsansatzes stark erhöht (vgl. Priebs, Wegner 2008). Da in Düsseldorf keine ortsteilscharfen Bevölkerungsdaten vorlagen, gibt es keinen Vergleichswert.

In der Planungsregion Südwestthüringen stehen 147 Eigenentwicklungsgemeinden nur 43 zentrale-Orts-Gemeinden gegenüber. Die Bautätigkeit (Wohneinheiten je Einwohner) war in diesen Eigenentwicklungsgemeinden nur bis zur Mitte der 1990er Jahre höher als in den zentralen Orten. Seit 2000 ist die Suburbanisierung quasi zum Erliegen gekommen. Seitdem sind Neubautätigkeit und Bevölkerungsentwicklung in den Eigenentwicklungsgemeinden stark rückläufig.

In der Planungsregion Westsachsen standen nur 36 Eigenentwicklungsgemeinden 58 zentralen Orten gegenüber. Im untersuchten Zeitraum von 1996 bis 2007 ist die Siedlungs- und Verkehrsfläche der zentralen Orte deutlich stärker angewachsen (16%) als der nicht zentralen Orte (11%). Berücksichtigt werden muss allerdings, dass der Schwerpunkt der Suburbanisierung – die im Vergleich zu anderen Stadtregionen in Ostdeutschland verhältnismäßig stark ausgeprägt war – bis zum Ende der 1990er Jahre besonders intensiv verlaufen ist (vgl. Herfert 2004).

In der Region München sind über die Hälfte aller Gemeinden auf eine organische Entwicklung festgelegt. Hier konnten die nicht zentralen Orte allerdings ein stärkeres Wachstum realisieren (von 1996 bis 2004 um 12%), während die zentralen Orte „nur" um 7% angewachsen sind.

In den Regionen Mittelhessen, München und Hannover sehen deutlich mehr Gemeindevertreter einen Erfolg der Steuerungsstrategie als in Düsseldorf, Südwestthüringen und Westsachsen. In München wird der Ansatz zur Sicherung einer organischen Entwicklung überwiegend positiv bewertet. Kein anderes der bewerteten Instrumente erreicht in dieser Region eine so hohe Erfolgsquote. Die Vollzugsanalyse konnte nur wenige Konflikte mit der Eigenentwicklung im Rahmen von Flächennutzungsplanverfahren nachweisen. Trotzdem ist das Instrument der Eigenentwicklung häufiger als andere positivplanerische Instrumente ein Anlass für Konflikte. In Mittelhessen konnten die meisten Konflikte in Verfahren zur Eigenentwicklung gezählt werden, gefolgt von Südwestthüringen.

Die Steuerungseffektivität von Festlegungen zur Eigenentwicklung wird durch unterschiedliche Faktoren geschwächt. Ein zentraler Grund sind zu hohe Richtwerte. Dies gilt vor allem für die Regionen Düsseldorf, Hannover und Mittelhessen. In Hannover wurde der Steuerungsansatz bereits beim Folgeplan deutlich restriktiver gefasst. In Düsseldorf ist eine Reform der Eigenentwicklungssteuerung beim aktuellen Neuaufstellungsverfahren in Arbeit (vgl. BMVBS 2012). In Mittelhessen muss zusätzlich kritisiert werden, dass den Ortsteilen unabhängig von ihrer Größe der gleiche 5 ha-Wert als Eigenbedarfsreserve zusteht. Ein weiterer Erklärungsfaktor zu geringer Steuerungseffektivität ist in einer zu unkonkreten, qualitativen Festlegungspraxis zu sehen. Dies gilt insbesondere für die Region München. Ein weiterer Faktor, der sich ungünstig auf die Effektivität des Instruments auswirkt, ist das Fehlen eines leistungsfähigen Monitorings. Erst Hannover hat reagiert und einen flächenscharfen Ansatz zur präzisen Überwachung ihrer neuen Zielfestlegung auf Eigenentwicklung eingeführt.

Raumordnungsgebiete für Siedlungsentwicklung

Die Ausweisung von Flächen im Regionalplan, die für eine Entwicklung als Wohn- oder Gewerbebauland nicht nur besonders geeignet sind, sondern auch gegenüber anderen Raumfunktionen bzw. Raumnutzungen ein erhöhtes Gewicht aufweisen – im Falle von Vorbehaltsgebieten – oder sogar einen Vorrang genießen – wie bei den gleichnamigen Vorranggebieten –, stellt ein besonders restriktives und damit auch effektives Mittel zur Lenkung der Siedlungsentwicklung dar. Im Vergleich zu anderen Instrumenten der Regionalplanung sind Raumordnungsgebiete der Siedlungsentwicklung trotz oder gerade wegen ihres strikten Regulierungscharakters erst in wenigen Ländern verbreitet. Von den untersuchten Regionalplänen wird dieses Instrument nur in der Planungsregion Südwestthüringen und München nicht eingesetzt.

Überwiegend werden Vorranggebiete als Steuerungsansatz verwendet. Als Ziel der Raumordnung ist ein Vorranggebiet eine sachlich und räumlich sehr konkrete Vorgabe, über die sich die örtliche Planung nicht hinwegsetzen kann. Die kommunalen Bauleitpläne dürfen nicht im Konflikt zu den ausgewiesenen Vorranggebieten des Regionalplans stehen. Tun sie dies doch, so kann bei-

Evaluierung in der Regionalplanung 117

spielsweise ein Flächennutzungsplan nicht genehmigt oder einer Planänderung nicht zugestimmt werden. Die Vorgaben eines Vorranggebietes sind von den kommunalen Planungsträgern strikt zu beachten. Die kommunale Praxis, insbesondere in den Ländern, wo auf einen Einsatz von Raumordnungsgebieten zur Steuerung der Siedlungsentwicklung verzichtet wurde, wertet diese Einschränkung kommunaler Planungsfreiheit vielfach als inakzeptabel und nicht verfassungskonform. In den Ländern, die bereits seit Jahrzehnten mit entsprechenden gebietsscharfen Steuerungsansätzen arbeiten, ist diese Form der Steuerung weitgehend akzeptiert.

Auch wenn Vorranggebiete primär als positivplanerisches Instrument zur Standortsteuerung gelten, können sie auch zur Mengensteuerung eingesetzt werden. Sie weisen jedoch in erster Linie die Standorte in einer Region aus, wo Baulandentwicklung Vorrang gegenüber anderen Raumnutzungen genießt (vgl. Einig 2005). Dies ist insbesondere in Nordrhein-Westfalen der Fall. Hier werden Bereiche für Siedlungsentwicklung (ASB) und Gewerbe- und Industriebereiche (GIB), die rechtlich Vorranggebieten entsprechen, durch die Regionalplanung in fast jeder Gemeinde entsprechend eines Flächenbedarfsansatzes ausgewiesen. Ausnahmen stellen ländlich geprägte Ortsteile mit weniger als 2.000 Einwohnern dar. Hier erfolgt keine Bereichsausweisung. In allen Gemeinden mit Bereichsausweisungen darf eine Baulandentwicklung auf Standorten, die außerhalb dieser Bereiche liegen, nicht planerisch vorbereitet werden. Der Umfang der Bereichsausweisung richtet sich vor allem nach dem von der Regionalplanungsbehörde abgeschätzten Baulandbedarf der einzelnen Gemeinden. So determinieren die Vorranggebiete nicht nur die Lage der Baulandentwicklung, sondern auch ihren Umfang. Dies allerdings eher theoretisch, da es fast unmöglich ist, während des Geltungszeitraumes eines Regionalplans alle bestehenden Bereichsausweisungen für Siedlungsentwicklung planungsrechtlich in Bauland zu überführen. Auch in Hessen werden Vorranggebiete zur Steuerung der Siedlungsentwicklung eingesetzt. Im Unterschied zu Nordrhein-Westfalen wird hier zwischen Gebieten des Bestandes und Zuwachsgebieten unterschieden. Gemeinsam ist den beiden Ansätzen die Differenzierung zwischen einer städtebaulichen Entwicklung für Wohnzwecke und gewerblich-industrielle Nutzungen. Zuwachsflächen werden ab einer Gebietsgröße von 5 ha im Regionalplan dargestellt. Auf eine Mengensteuerung wird in Hessen bewusst verzichtet. Es werden mehr Vorrangstandorte ausgewiesen, als durch den kommunalen Flächenbedarf gerechtfertigt wäre. Der Grund für dieses Überangebot ist die Gewinnung von Flexibilität. Da im Voraus nicht genau abgeschätzt werden kann, an welchen Standorten Mobilisierungsprobleme die Baulandentwicklung hemmen, sollen die Gemeinden eine größere Wahlfreiheit erhalten. Da das Überangebot durch einen zusätzlichen Mengensteuerungsansatz kontrolliert wird, auf den im nächsten Abschnitt eingegangen werden soll, ergibt sich kein Effektivitätsverlust der Steuerung.

Von diesen beiden Steuerungsmodellen unterscheidet sich der Ansatz in der Region Hannover, in München und Westsachsen grundsätzlicher. In Hannover dienen Vorranggebiete für Siedlungsentwicklung in erster Linie zur Sicherung regionalbedeutsamer Baulandstandorte in der Region, so dass der Regionalplan von 1996 nicht in jeder Gemeinde einen Vorrangstandort vorsieht (vgl. Priebs 2000). Im Regionalplan München werden Bereiche für Siedlungsentwicklung ausgewiesen, die einem Vorbehaltsgebiet entsprechen und eine Ausrichtung der Bautätigkeit auf besonders geeignete Standorte fördern sollen, aber keine ausschließliche Konzentration bewirken können. In Westsachsen werden Gemeindeteile nicht gebietsscharf durch ein Symbol als Bereiche für Siedlungsentwicklung ausgewiesen, in denen sich die Siedlungstätigkeit über das Niveau der Eigenentwicklung hinausgehend vollziehen soll. Es handelt sich deshalb auch nicht um einen Einsatz von Raumordnungsgebieten. Der Zweck der symbolischen, unkonkreteren Steuerung ist die Gliederung der regionalen Verbindungs- und Entwicklungsachsen und die Ausrichtung der Bautätigkeit auf Haltestellen des Schienen-ÖV. Weder in Hannover, Westsachsen noch in München wird ausschließlich eine Konzentration der Baulandentwicklung auf die ausgewiesenen Standorte verfolgt. Wenn keine anderen Belange und Festlegungen dagegen sprechen, können Gemeinden auch auf anderen Standorten des Außenbereichs Baulandentwicklungen planen.

Ein Soll-Ist-Vergleich gebietsscharfer Festlegungen von Siedlungsbereichen oder Raumordnungsgebieten für Siedlungsentwicklung ist auf Geodaten zur Flächennutzung oder Bautätigkeit angewiesen und konnte daher nur für die Regionen sinnvoll durchgeführt werden, wo Sementa-Change-Daten vorlagen. In der Region Düsseldorf ist die Neubautätigkeit sehr erfolgreich auf die Bereichsausweisungen ausgerichtet. In dieser Region konnte auch durch Verschneidung der Vorrangstandorte des Regionalplans mit den zeichnerischen Darstellungen kommunaler Flächennutzungspläne eine hohe Übereinstimmung nachgewiesen werden. Offensichtlich werden die Vorgaben der Regionalplanung von der Bauleitplanung der Gemeinden genau beachtet. In der Region Hannover konnten von den 509 ha Vorrangstandorten erst 1,6 % bis 2004 für bauliche Zwecke umgesetzt werden. Offensichtlich nutzen die Gemeinden diese regionalbedeutsamen Standorte für die Wohnbaulandentwicklung noch sehr zurückhaltend. Ein Grund ist die gegenüber den 1990er Jahren stark rückläufige Bedeutung großer Wohnungsbauvorhaben (vgl. Einig et al. 2011). Der ungewisse Steuerungserfolg des Vorrangstandortkonzepts in der Region Hannover wird auch in den Ergebnissen der Kommunalbefragung deutlich. So halten 16 % der antwortenden Kommunen die Zielerreichung für gering, während 20 % die Zielumsetzung dieses Instrumentes als erfolgreich bewerten. In den Regionen Düsseldorf und Mittelhessen wird die Steuerung durch Vorranggebiete von etwa der Hälfte der antwortenden Kommunen als erfolgreich eingestuft. In Mittelhessen schätzen allerdings etwas mehr Kommunen als in Düsseldorf den Steuerungsansatz als

Evaluierung in der Regionalplanung 119

nicht erfolgreich ein. In München und Westsachsen wird das Instrument der Siedlungsbereiche gegenüber allen anderen bewerteten Instrumenten am negativsten bewertet. Nur geringfügig über 10% der antwortenden Kommunen bewerten den Steuerungsansatz als erfolgreich, während fast 30% einen geringen bis gar keinen Steuerungserfolg bescheinigen.

Die Stellungnahmenanalyse bestätigt dieses Bild. So kann in den Regionen, in denen eine hohe Effektivität des Vorranggebietsansatzes identifiziert wurde, auch eine höhere Konfliktdichte festgestellt werden. In Düsseldorf und Mittelhessen treten beim Vollzug des Vorrangstandortkonzeptes deutlich mehr Konflikte auf, als in anderen Festlegungsbereichen des Regionalplans. In Hannover, München und Westthüringen konnten keine Konflikte zwischen Kommunen und Regionalplanung nachgewiesen werden.

Festlegung von Flächenkontingenten

Nur in der Region Mittelhessen wird ein gemeindescharfer Ansatz zur Mengensteuerung der Baulandentwicklung der Gemeinden mittels Vorgabe eines Flächenkontingentes praktiziert. Um den Umfang der Wohnbaulandausweisung der Gemeinden zu regulieren, wird für jede Gemeinde ein Hektwert des maximalen Wohnflächenbedarfs verbindlich ausgewiesen. Das Kontingent wird als Ziel der Raumordnung festgelegt und darf von der einzelnen Gemeinde im Gültigkeitszeitraum des Regionalplans in der Regel nicht überschritten werden. Ausnahmen von der Regel bestehen allerdings, z.B. ein nicht vorhersehbarer Flächenbedarf (vgl. Wolf 2005: 218). In Mittelhessen wird die Gewerbeflächenentwicklung nicht mengenbezogen kontingentiert. Darin unterscheidet sich die Region gegenüber der Planungsregion Südhessen.

Der Soll-Ist-Vergleich hat ergeben, dass nur von einer kleinen Gemeindezahl (4%), die Hälfte des Flächenkontingentes überhaupt für eine Wohnbaulandentwicklung in Anspruch genommen wurde. Nur in zwei Kommunen der Region konnte eine Überschreitung des Kontingents festgestellt werden. Alle anderen Gemeinden kamen im untersuchten Zeitraum mit deutlich weniger als der Hälfte des Flächenkontingentes aus. In der Befragung überwiegt eine positive Einschätzung des Steuerungserfolges. So gehen 44% der Kommunen davon aus, dass eine Überschreitung des Kontingents erfolgreich vermieden werden konnte. Nur 15% der Kommunen sehen dies kritischer und halten die Zielerreichung für nicht gegeben. Die Auswertung der Stellungnahmen belegt, dass der Mengensteuerungsansatz in der Praxis kaum Konflikte im Vollzug verursacht. Nur ein Fall konnte identifiziert werden. Offensichtlich steuert der Kontingentansatz nicht sehr restriktiv, was nicht am Rechtsstatus des Ziels liegen dürfte, sondern an der zu umfangreichen Dimensionierung des gemeindescharfen Kontingents. Sein Umfang fungiert allenfalls als eine theoretische Mengenbegrenzung. Bei der Fortschreibung des Regionalplans wurde der Umfang der Kontingente strikter mit der prognostizierten demografischen Entwicklung der Gemeinden abgeglichen. In vielen Fällen hat dies zu einer deutlichen Verkleinerung des Flächenkontingents geführt.

6 Steuerungsinstrumente zum Freiraumschutz

Die Ausweisungen der Regionalplanung für den Freiraum einer Planungsregion müssen nicht primär den Schutz des Freiraumes vor konkurrierenden Nutzungen zum Ziel haben, sie können auch der Koordination von Nutzungen im Freiraum dienen, um Vorhaben räumlich zu lenken, die naturschutzrechtlich als Eingriff zu werten sind. Ein Beispiel für solche, den Freiraumbestand belastende Ausweisungen, sind Raumordnungsgebiete für Windkraft oder Rohstoffabbau. In den Refina-Teilvorhaben zur Planevaluation standen nur die Instrumente im Vordergrund, die dem Schutz des Freiraums vor baulicher Inanspruchnahme dienen.

In der Regionalplanungspraxis sind Raumordnungsgebiete die wichtigsten Instrumente des Freiraumschutzes. Sie sind als gebietsscharfe Festlegungen zum Schutz von Natur und Landschaft, zu Grünzügen, zum Boden- und Klimaschutz, zum Schutz des Grund- und Oberflächenwassers, zum Hochwasserschutz, zur Erholungsvorsorge und zur Land- und Forstwirtschaft in fast allen Planungsregionen im Einsatz. Je nach der spezifischen Raumstruktur einer Planungsregion und dem politisch gewollten Schutzniveau des Freiraumes können diese einzelnen Festlegungstypen eine sehr unterschiedliche regionale Bedeutung erlangen. Eine vergleichende Plananalyse für die ostdeutschen Regionalpläne der ersten Generation hat ergeben, dass die höchsten Flächenanteile an einer Planungsregion durch Raumordnungsgebiete zum Schutz von Natur und Landschaft, zur Erholungsvorsorge und zur Landwirtschaft erreicht werden (vgl. Einig, Dora 2009: 129). Eine weitere Besonderheit, die bei den positivplanerischen Instrumenten zur Steuerung der Siedlungsentwicklung nicht auftritt, ist die Neigung der Regionalplanung Raumordnungsgebiete zum Freiraumschutz zu überlagern. Dies ist grundsätzlich in den Fällen möglich, wo die Zielstellungen der einzelnen Raumordnungsgebiete nicht im Konflikt miteinander stehen. In diesem Sinne wäre eine Überlagerung eines Vorranggebiets für Natur und Landschaft und eines Vorranggebiets für oberirdischen Rohstoffabbau nicht zulässig. In einzelnen Planungsregionen konnten bis zu sechs Überlagerungen ermittelt werden. Diese Fälle sind allerdings eher die Ausnahme. Sehr häufig kommen hingegen bis zu zwei Überlagerungen vor. Eine weitere Besonderheit des Freiraumschutzes ist die gleichberechtigte Ausweisung von Raumordnungsgebieten mit Ziel- und Grundsatzcharakter. Vorranggebiete kommen immer dann zum Einsatz, wenn besonders schutzwürdige Teilräume vor einer konkurrierenden Nutzung bewahrt werden sollen. In der Planevaluation wurden nicht alle potenziel-

Evaluierung in der Regionalplanung

len Freiraumschutzinstrumente mit der gleichen Intensität untersucht. Hier werden nur die Ergebnisse für die regionalen Grünzüge dargestellt.

Regionale Grünzüge

Sie sind ein klassisches Instrument der Regionalplanung, das vor allem in Teilräumen mit hohem Siedlungsdruck zum Einsatz kommt, aber nicht auf Verdichtungsräume beschränkt ist. Als multifunktionales Instrument schützen sie ein breites Bündel von Freiraumfunktionen (vgl. Domhardt 2005: 239). Sie werden in der Regel in direkter Nachbarschaft an den Rändern von Siedlungen ausgewiesen, um räumlich sehr konkret deren Hineinwachsen in den Freiraumbestand zu verhindern oder ein Zusammenwachsen von Siedlungen zu vermeiden. Um sich gegenüber den konkurrierenden kommunalen Entwicklungszielen durchzusetzen – sehr häufig wird die Baulandentwicklung von den Kommunen als sehr gewichtiges politisches Ziel verfolgt (Einig 2010) – müssen Grünzüge eine hohe rechtliche Bindungswirkung aufweisen. Deutschlandweit werden häufig Vorranggebiete ausgewiesen. In Ostdeutschland überwiegen allerdings symbolhafte Darstellungen, die eine geringere räumliche Konkretheit erreichen.

Bis auf die Region Hannover kommen in allen untersuchten Planungsregionen Grünzüge zum Einsatz. In Hannover wird allerdings ein vergleichbarer Vorranggebietstyp für den Schutz von Freiraumfunktionen eingesetzt, der hier deshalb in den Instrumentenvergleich einbezogen wurde. Während in Düsseldorf, Mittelhessen, Hannover und Westsachsen die zeichnerischen Darstellungen von Grünzügen als Vorranggebiet erfolgen, wird in Südwestthüringen auf Vorbehaltsgebiete zurückgegriffen. Nur im Regionalplan München stellt die zeichnerische Darstellung der Grünzüge kein Raumordnungsgebiet dar. Die kartographische Darstellung erfolgt ohne eigene rechtliche Bindungswirkung nur flankierend zum Plansatz im Text. Der Plansatz zu den Grünzügen selbst ist als ein verhältnismäßig schwaches Soll-Ziel festgelegt. Die ausgewiesenen regionalen Grünzüge sollen über die in bestehenden Flächennutzungsplänen dargestellten Siedlungsgebiete hinaus nicht geschmälert und durch größere Infrastrukturmaßnahmen nicht unterbrochen werden. Allerdings sind Planungen und Maßnahmen in Regionalen Grünzügen im Einzelfall möglich, soweit sie der Grünzugfunktion nicht entgegenstehen. Diese Einzelfallregelung schränkt die Restriktivität des Instruments in der Region München zusätzlich ein.

Für den Soll-Ist-Vergleich wurde die Betroffenheit von Regionalen Grünzügen durch die geplante (Flächennutzungsplanung) und tatsächliche Flächennutzung (Amtliches topographisch-kartographisches Informationssystem (ATKIS)) abgeschätzt. Werden in Grünzügen hohe Anteile baulicher Nutzungen auf der Grundlage von ATKIS-Daten nachgewiesen, spricht dies eher für eine geringere Wirksamkeit der Festlegung.

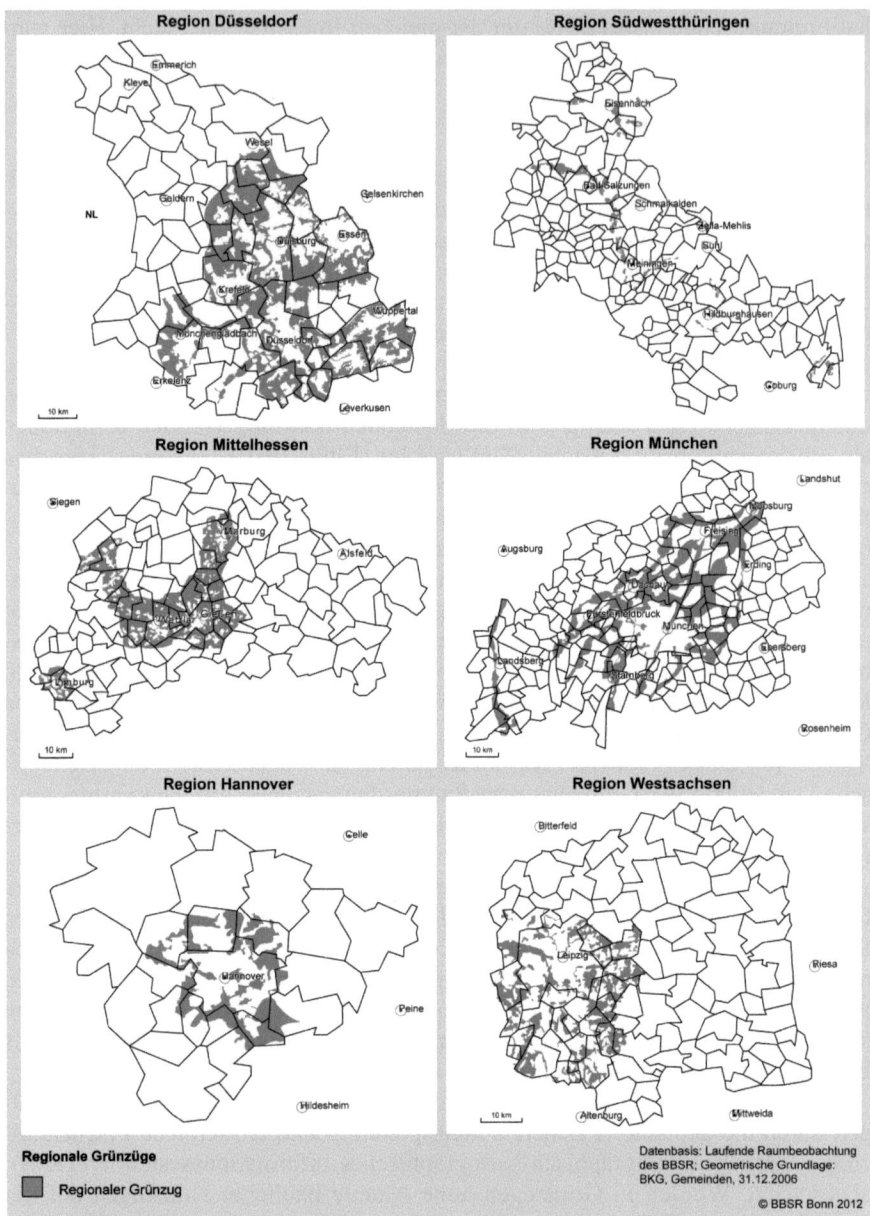

Abb. 2: Ausweisung regionaler Grünzüge und Vorranggebiete für Freiraumfunktionen (Quelle: Geodaten der Regionalpläne, eigene Darstellung)

Evaluierung in der Regionalplanung 123

Da von der Regionalplanung in manchen Fällen bewusst bestehende Siedlungsflächen mit einer Grünzugsignatur nachträglich überplant wurden – z.B. in Düsseldorf und München – muss ein hoher Anteil von Siedlungsflächen in Grünzügen nicht automatisch für dessen geringe Steuerungseffektivität sprechen. So kann eine Region auch bewusst eine weitere ungesteuerte Entwicklung am Siedlungsrand der betroffenen Ortsteile ausschließen. Der Anteil von Siedlungsflächen in den Grünzügen von Südwestthüringen ist niedrig. Für den Steuerungserfolg wird in dieser Region aber eher das sehr niedrige Niveau der Bautätigkeit verantwortlich sein, als die Steuerungswirkung eines Vorbehaltsgebietes. In der Region München sind im Vergleich zur Region Westsachsen sowohl ein höherer Anteil baulich geprägter Flächen als auch ein höherer Anteil von in FNP ausgewiesenen Bauflächen in den Regionalen Grünzügen zu erkennen. Mit den vorliegen Daten kann allein für die Region München keine Bewertung vorgenommen werden, da nicht abgebildet werden kann, ob ein FNP bereits vor In-Kraft-Treten des Regionalplans aufgestellt wurde oder erst danach. Ob eine Verletzung der ausgewiesenen Regionalen Grünzüge vorliegt, lässt sich nicht überprüfen. Für Westsachsen lässt sich hingegen eine hohe Übereinstimmung sowohl im Hinblick auf die Realnutzung als auch im Hinblick auf die Flächennutzungsplanung feststellen. Allerdings muss dabei berücksichtigt werden, dass erst wenige Gemeinden der Region einen rechtsgültigen Flächennutzungsplan haben. Die quantitativen Analysen belegen zumindest für die Region Düsseldorf, dass je höher der Anteil von Grünzügen am Gemeindegebiet ist, umso niedriger auch das Siedlungs- und Verkehrsflächenwachstum in der Gemeinde ausfällt. Eine statistische Korrelationsanalyse für alle Planungsregionen belegt hingegen, dass in Gemeinden, in denen ein regionaler Grünzug ausgewiesen wurde, ein durchschnittlich höherer Zuwachs der Siedlungs- und Verkehrsfläche nachgewiesen werden kann (vgl. Einig et al. 2011). Dieses Ergebnis spricht nicht gegen die Wirksamkeit von Grünzügen. Da dieses Instrument insbesondere in den Teilräumen einer Region zum Einsatz kommt, wo ein hoher Siedlungsdruck herrscht, ist in Gemeinden mit Grünzügen gleichzeitig auch ein überdurchschnittlich hoher Siedlungs- und Verkehrsflächenzuwachs feststellbar. Solange eine bauliche Neuinanspruchnahme in den Grünzügen weitgehend ausgeschlossen ist, steuert dieses Instrument effektiv.

In der Kommunalbefragung wird dem Instrument des Grünzugs überwiegend ein Steuerungserfolg zugestanden. In den Regionen Düsseldorf, Hannover, Mittelhessen, München und Westsachsen bescheinigen die meisten Gemeindevertreter, die sich an der Umfrage beteiligt haben, dem Instrument eine erfolgreiche Zielerreichung. Nur in Südwestthüringen schätzen knapp mehr Vertreter den Instrumenteneinsatz als wenig erfolgreich ein.

In den meisten Regionen konnten nur wenige Konflikte der Flächennutzungsplanung mit Grünzugfestlegungen des Regionalplans festgestellt werden. Trotzdem treten im Bereich des Freiraumschutzes Konflikte mit dem Instrument des regionalen Grünzugs verhältnismäßig häufiger auf, als bei anderen Instrumenten des Freiraumschutzes. In allen untersuchten Regionen bleibt der Anteil der Konfliktfälle mit Grünzügen unter einem Prozent aller untersuchten Verfahren. Mit 1,5 % lag der Anteil in Mittelhessen am höchsten.

7 Fazit

Die Planevaluationen haben demonstriert, dass viele zur Verfügung stehende Verfahren der statistischen und geo-statistischen Analyse nur dann sinnvoll für die Evaluation einzelner Regionalplaninstrumente angewendet werden können, wenn hochauflösende, kleinräumige Geodaten in Zeitreihen vorliegen. Da solche Daten auf dem Markt kaum angeboten werden, muss sich der Evaluator selbst um die Erschließung entsprechender Daten durch Auswertung von Luftbildern, Satellitenszenen oder topographischen Karten zum Aufbau von Zeitreihen kümmern. Diese Anforderung übersteigt in der Regel die Kapazität eines Regionalplanungsträgers und kann auch meisten nicht in Forschungsprojekten aus dem oft bescheidenen Budget finanziert werden. Das Datenproblem stellt sich somit als das entscheidende Hemmnis von Planevaluationen dar.

Leider liegen auch für eine Planevaluation benötigte digitale Daten der Bauleitplanung und der Fachplanung nur in allerwenigsten Fällen in einer Vollständigkeit vor, die eine systematische Instrumentenevaluation für ganze Planungsregionen gestatten würde. Insbesondere die Verfügbarkeit von Bebauungsplandaten lässt vielerorts noch zu wünschen übrig. Aber auch digitale Flächennutzungsplandaten liegen noch nicht in allen Planungsregionen flächendeckend vor. Hier ist in Zukunft ein größeres Engagement der Länder erforderlich. Das Land Brandenburg hat demonstriert, dass eine systematische digitale Erschließung selbst der Bebauungsplanebene im Rahmen eines landesweiten Planinformationssystems möglich ist.

Der Weg, fehlende empirische Daten durch schriftliche Befragungen zu kompensieren, hat interessante Ergebnisse produziert, liefert aber keinen vollwertigen Ersatz für hochauflösende Geodaten mit Zeitreihenqualität. Offensichtlich fällt es vielen kommunalen Vertretern sehr schwer, den Steuerungserfolg von Instrumenten zu beurteilen. Bei den Fragen wurde sehr häufig angekreuzt, dass eine Beantwortung nicht möglich ist. Offensichtlich sind viele Instrumente, die in einem Regionalplan zum Einsatz kommen, den befragten Kommunalvertretern, die überwiegend aus dem Arbeitsbereich der Stadtplanung stammten, nicht sehr vertraut. Außerdem haben Kontrollauswertungen belegt, dass in vielen Fällen Fehleinschätzungen auf kommunaler Seite vorliegen. Überprüft wurde die Antwort, ob eine Gemeinde von der Ausweisung des zu beurteilenden Instruments betroffen ist. Die jeweilige Antwort wurde mit der faktischen Betroffenheit durch Festlegungen des Regionalplans überprüft. Vielfach erkannten die Kommunen keine Betroffenheit, wo faktisch eine nachweisbar ist oder sie vermerkten eine Betroffenheit, wo keine feststellbar war. Die Aussagekraft einer schriftlichen Befragung ist somit deutlich limitiert. In jedem Fall stellt sie aber ein gutes Mittel dar, um die Akzeptanz von Instrumenten zu prüfen. Die genaue Abschätzung der Steuerungseffektivität von Instrumenten ist hingegen so voraussetzungsvoll, dass eine Befragung nur flankierend zu geostatistischen Analysemethoden mit den geeigneten Datengrundlagen durchgeführt werden sollte.

Eine regelmäßige Analyse von Stellungnahmen wird von den meisten Regionalplanungsträgern nicht durchgeführt, obwohl mittels dieses einfachen Mittels sehr gut die Steuerungsrelevanz der eingesetzten Instrumente überprüft werden kann (vgl. Wiechmann, Siedentop 2009). Allerdings sind in Zukunft genauere Analysen des Vollzugsprozesses regionalplanerischer Festlegungen wünschenswert. So konnte bisher noch nicht untersucht werden, wie letztlich Zulassungs- und Genehmigungsbehörden – vor dem Hintergrund der Stellungnahmen der Regionalplanung – zu ihren Entscheidungen kommen. Es steht somit noch eine Prüfung aus, ob die Übereinstimmung mit den Erfordernissen der Raumordnung von entsprechenden Stellen so ernst genommen wird, wie dies der Gesetzgeber ursprünglich intendiert hat.

Literatur

Alexander, E. R. (2006): Evolution and status: Where is planning-evaluation today and how did it get here? In: Alexander, E. R. (Hrsg.): Evaluation in planning. Evolution and prospects. Hampshire, 3-16.

Bartram, G. (2012): Die Ziele der Raumordnung. Ein Planungsinstrument im Spannungsfeld zwischen gewachsenem Steuerungsanspruch und verfassungsrechtlichen Anforderungen. Berlin.

BBSR – Bundesinstitut für Bau-, Stadt- und Raumforschung (Hrsg.) (2012): Raumordnungsbericht 2011. Bonn.

BMVBS – Bundesministerium für Verkehr, Bau und Stadtentwicklung (Hrsg.) (2012): Regionalplanerische Instrumente zur Reduzierung der Flächeninanspruchnahme. = BMVBS-Online-Publikation 20/12.
http://www.bbsr.bund.de/cln_032/nn_187756/BBSR/DE/Veroeffentlichungen/BMVBS/Online/2012/DL__ON202012,templateId=raw,property=publicationFile.pdf/DL_ON202012.pdf (06.03.2013)

Bunzel, A. (2012): Grenzen der Gestaltungsmöglichkeiten der Raumordnungsplanung im Lichte der kommunalen Planungshoheit. In: Steger, C. O.; Bunzel, A. (Hrsg.): Raumordnung quo vadis? Zwischen notwendiger

Flankierung der kommunalen Bauleitplanung und unzulässigem Durchgriff. Wiesbaden, 42-62.

Bunzel, A.; Hanke, S. (2011): Grenzen der Regelungskompetenz der Raumordnungsplanung im Verhältnis zur kommunalen Planungshoheit. Wiesbaden.

Diller, C. (2012): Evaluation in der regionalen Raumordnungsplanung – Praxis, Forschung, Perspektiven. In: Informationen zur Raumentwicklung (1/2), 1-15.

Donaldson, S. I. (2007): Program Theory-Driven Evaluation Science: Strategies and Applications. New York.

Domhardt, H. (2005): Steuerung des Siedlungsflächenwachstums durch raumordnerische Instrumente des Freiraumschutzes in Regionalplänen. In: Informationen zur Raumentwicklung (4/5), 231-239.

Eggers, H. W. (2006): Planning and Evaluation: Two Sides of the Same Coin. In: Journal of MultiDisciplinary Evaluation 3 (6), 30-57.

Einig, K. (2010): Korporativer Akteur Kommune: Bedeutung baulandpolitischer. Ziele und akteurszentrierter Verhaltensmodelle. In: Klemme, Marion; Selle, Klaus (Hg.) Siedlungsflächen entwickeln. Akteure. Interdependenzen. Optionen. Detmold: Verlag Dorothea Rohn, S. 169-195

Einig, K. (2011a): Regulierung durch Regionalplanung. In: DÖV – Die Öffentliche Verwaltung 64 (5), 185-195.

Einig, K. (2011b): Kapazität der Regionalplanung zur Steuerung der Produktion und Nutzung von Biomasse. In: Informationen zur Raumentwicklung (5/6), 369-389.

Einig, K. (2005): Regulierung des Siedlungsflächenwachstums als Herausforderung des Raumordnungsrechts. In: DISP, Nr. 160, (1), 48-57.

Einig, K.; Dora, M. (2009): Zeichnerische Festlegungen zum Freiraum in ostdeutschen Regionalplänen: Eine vergleichende geo-statistische Institutionenanalyse. In: Siedentop, S.; Egermann, M. (Hrsg.): Freiraumschutz und Freiraumentwicklung durch Raumordnungsplanung. = Arbeitsmaterial der ARL 349. Hannover, 99-134.

Einig, K.; Zaspel, B. (2012): Vergleichende Planevaluation mit dem Raumordnungsplan-Monitor. In: Informationen zur Raumentwicklung (1/2), 17–34.

Einig, K.; Jonas, A.; Zaspel, B. (2011): Evaluierung von Regionalplänen. In: Bizer, K.; Einig, K.; Köck, W.; Siedentop, S. (Hrsg.): Raumordnungsinstrumente zur Flächenverbrauchsreduktion. Baden-Baden, 65-125.

Fürst, D. (2000): Kann man die Wirkung der Raumplanung messen? In: Hill, H.; Hof, H. (Hrsg.): Wirkungsforschung zum Recht III. Verwaltung als Adressat und Akteur. Baden-Baden, 107-117.

Herfert, G. (2004): Disurbanisierung und Reurbanisierung: polarisierte Raumentwicklung in der ostdeutschen Schrumpfungslandschaft. In: Raumforschung und Raumordnung 60 (5/6), 334–344.

Hoppe, W.; Schoeneberg, J. (1987): Raumordnungs- und Landesplanungsrecht des Bundes und des Landes Niedersachsen. Hannover.

Jonas, A. (2010): Regionale Wohnbauflächenentwicklung. Eine Evaluation regionalplanerischer Steuerungsinstrumente. Bonn.

Meinel, G.; Hecht, R.; Hendrik, H.; Siedentop, S. (2011): Raumstrukturelle Ausgangssituation und Veränderungen der Flächennutzung. In: Bizer, K.; Einig, K.; Köck, W.; Siedentop, S. (Hrsg.): Raumordnungsinstrumente zur Flächen-verbrauchsreduktion. Baden-Baden, 21-48.

Priebs, A. (2000): Festlegung von Vorranggebieten für die Siedlungsentwicklung - Erfahrungen aus der Region Hannover. In: Einig, K. (Hrsg.): Regionale Koordination der Baulandausweisung. Berlin, 79-90.

Priebs, A.; Wegner, C. (2008): »Eigenentwicklung« als Baustein nachhaltiger Flächenhaushaltspolitik. Ansätze und Erfahrungen aus der Region Hannover. In: RaumPlanung (141), 257-262.

Schmidt-Eichstaedt, G. (2004): Entwicklung in ländlichen Siedlungen. In: Region Hannover (Hrsg.): Beiträge zur regionalen Entwicklung (101), 109-115.

Siedentop, S. (2008): Anforderungen aus raumplanerischer Sicht. In: Köck, W.; Bizer, K.; Hansjürgens, B.; Einig, K.; Siedentop, S. (Hrsg.): Handelbare Flächenausweisungsrechte – Anforderungsprofil aus ökonomischer, planerischer und juristischer Sicht, Baden-Baden, 110-158.

Schulte, H. (1996). Raumplanung und Genehmigung bei der Bodenschätzegewinnung. München.

Schwabedal, F. J. (2011): Das regionalplanerische Instrument Eigenentwicklung. Ein systematischer Vergleich der Festlegungen in den Raumordnungsprogrammen Niedersachsens. In: Raumforschung und Raumordnung 69 (1), 17-28.

Wiechmann, T.; Siedentop, S. (2009): Wirkungsanalyse regionalplanerischer Stellungnahmen zum Freiraumschutz – Empirischer Ansatz und ausgewählte Ergebnisse für die Planungsregion Südwestthüringen. In: Siedentop, S.; Egermann, M. (Hrsg.): Freiraumschutz und Freiraumentwicklung durch Raumordnungsplanung. = Arbeitsmaterial der ARL 349. Hannover, 206-217.

Wolf, F. (2005): Ausweisung von Siedlungsbereichen und Festlegungen gemeindescharfer Brutto-Bauland-Werte in der Regionalplanung von Hessen. In: Informationen zur Raumentwicklung (4/5), 217-222.

Zaspel, B. (2012): Regionale Gewerbeflächenpolitik. Eine Wirkungsabschätzung regionalplanerischer Instrumente. In: Analysen Bau.Stadt.Raum (8), Bonn.

Peter Weingarten[1]

Landnutzungswandel vor dem Hintergrund der Perspektiven in der Agrar- und Energiepolitik

Inhalt

1 Einleitung
2 Entwicklung der agrarischen Landnutzung in den letzten Jahrzehnten
3 Rahmenbedingungen für die zukünftige Entwicklung der agrarischen Landnutzung
   3.1 Entwicklung auf den Weltagrarmärkten
   3.2 Die Gemeinsame Agrarpolitik nach 2013
   3.3 Energie- und Klimapolitik
4 Fazit

1 Einleitung

Die Landnutzung in Deutschland wird vor allem durch die Landwirtschaft geprägt. Von der gesamten Fläche Deutschlands von 357.000 km^2 entfielen 2010 52,3% auf Landwirtschaftsfläche. Mit weitem Abstand folgen Waldfläche (30,1%) und Siedlungs- und Verkehrsfläche (13,4%) (vgl. BMELV 2011: 87). Die agrarische Landnutzung hat sich in den letzten Jahrzehnten stark gewandelt. Ausmaß und Ursachen dieses Landnutzungswandels werden im folgenden Kapitel betrachtet. Wie sich die landwirtschaftliche Landnutzung in Zukunft entwickeln könnte, steht im Mittelpunkt des dritten Kapitels. Der Beitrag schließt mit einem Fazit.

---

1 Der Autor dankt Horst Gömann und Peter Kreins (Thünen-Institut für Ländliche Räume) für die Bereitstellung von Daten und hilfreiche Hinweise.

2 Entwicklung der agrarischen Landnutzung in den letzten Jahrzehnten

Die agrarische Landnutzung in Deutschland hat sich seit Mitte des letzten Jahrhunderts stark gewandelt. Dies betrifft zum einen den Anteil der Landwirtschaftsfläche an der Gesamtfläche. Insbesondere aufgrund der Ausdehnung von Siedlungs- und Verkehrsflächen ist die Landwirtschaftsfläche kontinuierlich zurückgegangen.[2] Zum anderen und vor allem zeigt sich der Landnutzungswandel aber in der Art der Nutzung der landwirtschaftlichen Flächen. Die Flächenproduktivität konnte enorm gesteigert werden, was in Tab. 1 beispielhaft für Weizen und Roggen dargestellt wird. Das Beispiel verdeutlicht zudem, dass bei einzelnen Kulturen (hier: Weizen) deutlich größere Produktivitätsfortschritte erzielt werden konnten als bei anderen (hier: Roggen).

Tab. 1: Entwicklung der Flächenerträge in Deutschland von Weizen und Roggen (in dt/ha und Jahr) (Quelle: Deutscher Bauernverband 2011, S. 19)

	1898-1902	1950-54	2005-10
Weizen	18,5	27,3	74,6
Roggen	14,9	24,0	49,2

Technischer Fortschritt in seinen unterschiedlichen Ausprägungen (züchterisch-technischer, mechanisch-technischer, organisatorisch-technischer Fortschritt) ist eine wichtige Determinante dieser Entwicklung und hat mit dazu beigetragen, dass der Arbeitseinsatz in der Landwirtschaft stark zurückgegangen ist. Während um 1900 in Deutschland in der Landwirtschaft noch ca. 31 Arbeitskräfte (AK) pro 100 ha beschäftigt waren und sich dieser Wert bis 1950 nur geringfügig auf 29 AK/100 ha reduzierte, ging die Mechanisierung der Landwirtschaft danach mit einem rasanten Abbau der Beschäftigung in der Landwirtschaft einher (2010: 3 AK/100 ha) (vgl. Deutscher Bauernverband 2011: 17). Diese Mechanisierung war Teil der Mitte des letzten Jahrhunderts einsetzenden erheblichen Intensivierung der landwirtschaftlichen Produktion. Der Einsatz von Dünge- und Pflanzenschutzmitteln stieg über viele Jahrzehnte, und die Landwirtschaft wurde (und wird weiterhin) zunehmend wissensintensiver. Zudem erfolgte eine starke Spezialisierung in der Landwirtschaft, und zwar sowohl auf

---

2 2002 hat die Bundesregierung in ihrer Nachhaltigkeitsstrategie als Ziel vorgegeben, bis 2020 die Zunahme der Siedlungs- und Verkehrsfläche auf 30 ha pro Tag zu reduzieren (vgl. Bundesregierung o. J.). 2000 wurden pro Tag 129 ha zusätzlich für Siedlungs- und Verkehrsfläche genutzt. Bis 2010 ging der Wert auf 87 ha zurück (gleitender Vierjahresdurchschnitt, vgl. Statistisches Bundesamt 2012). Zu Art und Ausmaß der Inanspruchnahme landwirtschaftlicher Flächen für außerlandwirtschaftliche Zwecke siehe Tietz et al. (2012).

einzelbetrieblicher als auch auf regionaler Ebene. Während von der extensiven landwirtschaftlichen Produktion, wie sie bis Mitte des letzten Jahrhunderts kennzeichnend war, viele positive Umweltauswirkungen (zum Beispiel auf die Biodiversität) ausgingen, wurde die Landwirtschaft zunehmend zum Verursacher negativer Umweltauswirkungen, die mit dem Sondergutachten „Umweltprobleme der Landwirtschaft" des Rats von Sachverständigen für Umweltfragen (1985) zunehmend ins öffentliche Bewusstsein drangen. Beispielsweise stiegen die Stickstoffüberschüsse in der Landwirtschaft Deutschlands im Bundesdurchschnitt von unter 20 kg N/ha landwirtschaftliche Fläche Anfang der 1950er Jahre nahezu stetig bis Mitte der 1980er Jahre auf über 130 kg N/ha an. Danach setzte eine rückläufige Entwicklung ein (2010: 68 kg N/ha). Ob sich diese weiter fortsetzen wird, scheint derzeit aufgrund der vom hohen Agrarpreisniveau und dem Erneuerbare-Energien-Gesetz (EEG) ausgehenden Anreize zur Intensivierung der landwirtschaftlichen Produktion fraglich zu sein.

Abb. 2 zeigt, dass die Stickstoffüberschüsse in Deutschland auf regionaler Ebene sehr unterschiedlich sind. Besonders hohe Überschüsse weisen Regionen mit einem hohen Viehbesatz auf, wie viele nordwestdeutsche Kreise. In intensiven Ackerbauregionen wie der Magdeburger Börde oder der Köln-Aachener-Bucht sind die Überschüsse dagegen gering. Je höher die Stickstoffüberschüsse sind, desto größer ist auch die Gefahr, dass Nitrat ins Grundwasser eingetragen wird. Wie viel vom Überschuss tatsächlich ins Grundwasser gelangt, hängt stark von den bodenkundlichen Gegebenheiten ab. Im Rahmen des AGRUM-Weser-Projektes für die Flussgebietsgemeinschaft Weser durchgeführte Untersuchungen zeigen, dass derzeit und unter den Rahmenbedingungen des Basisszenarios auch für 2015 die Nitratkonzentration im Sickerwasser in vielen, insbesondere veredlungsstarken Räumen über dem Trinkwasserrichtwert von 25 mg Nitrat/l bzw. dem Trinkwassergrenzwert von 50 mg Nitrat/l liegen (Kreins et al. 2010). Für das Wesereinzugsgebiet, aber auch für andere Flusseinzugsgebiete in Deutschland ist zu erwarten, dass es bis 2015 nicht gelingen wird, den guten ökologischen und chemischen Zustand der Gewässer zu erreichen, wie dies die Wasserrahmenrichtlinie vorschreibt.

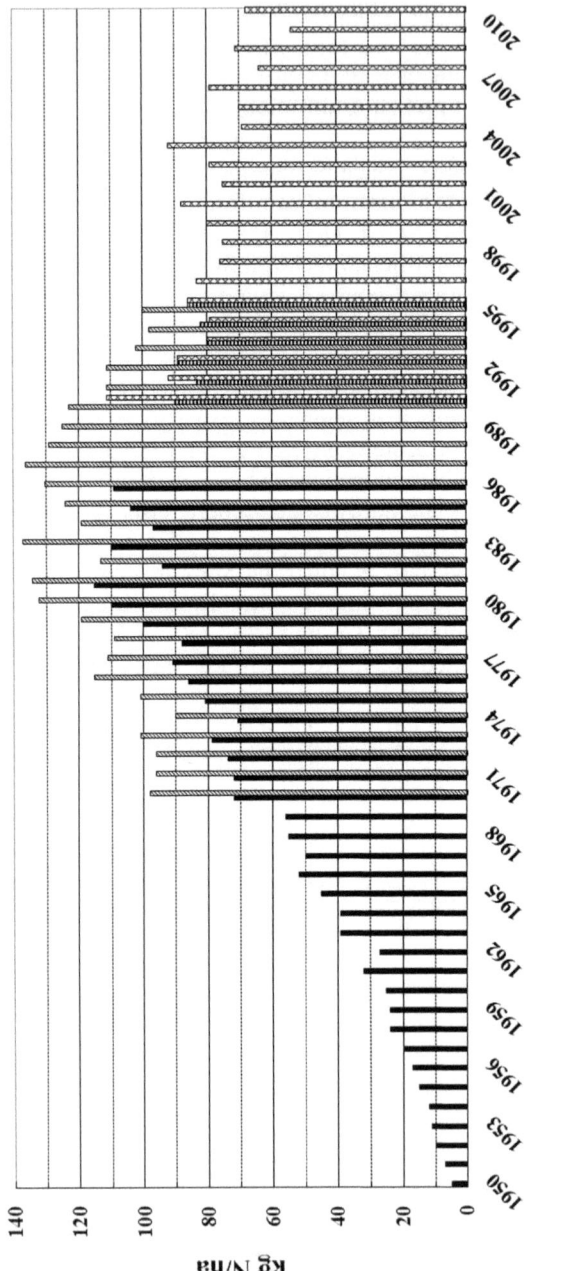

Abb. 1: Entwicklung der Stickstoffüberschüsse in der Bundesrepublik Deutschland (in kg N/ha LF) (Quelle: Köster et al. 1988; Bach et al. 1997; Kreins 2012)

Landnutzungswandel vor dem Hintergrund der Agrar- und Energiepolitik 133

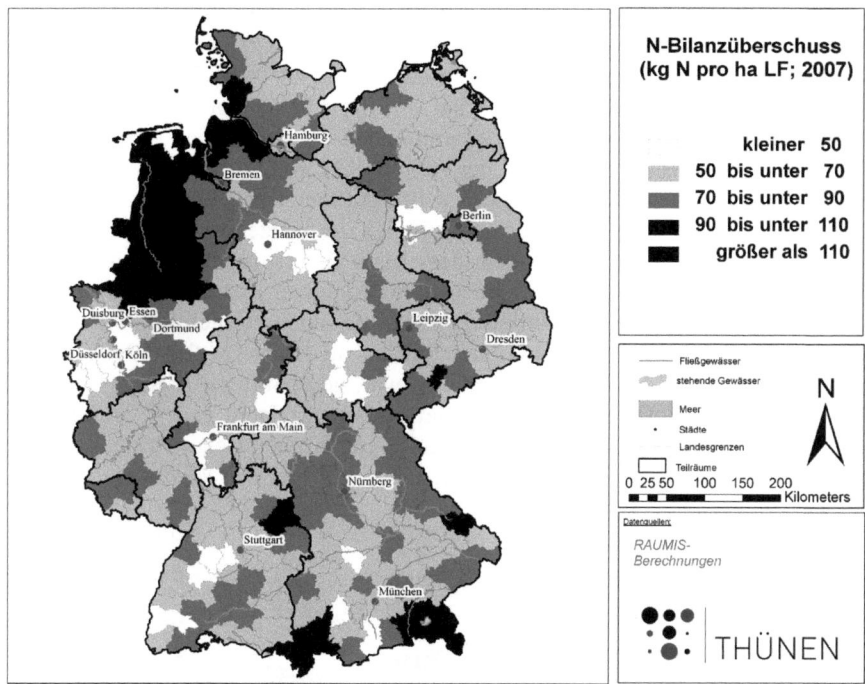

Abb. 2: Regionale Stickstoffüberschüsse in Deutschland im Jahr 2007 (in kg N/ha LF)
(Quelle: Kreins 2012)

Die Intensivierung und regionale Spezialisierung der Landwirtschaft seit den 1950er Jahren war mit erheblichen negativen Umweltauswirkungen verbunden. Neben dem Eintrag von Nährstoffen und Pflanzenschutzmittelrückständen in Grund- und Oberflächengewässer, aber auch in andere Biotope, sind zum Beispiel der Verlust von Landschaftselementen und der Rückgang der Agrobiodiversität zu nennen.

Die Bedeutung einzelner Ackerkulturen für die Landnutzung hat sich in den letzten Jahrzehnten stark verändert (siehe Abb. 3). Wichtige Determinanten sind veränderte Preisrelationen, zum Beispiel aufgrund veränderter Konsumgewohnheiten, technischer Fortschritt – der z.B. zu unterschiedlich stark ausgeprägten Ertragssteigerungen führte, aber auch zur Mechanisierung und damit zum Wegfall des Futterbedarfs für tierische Zugkräfte –, agrarpolitische Änderungen und ein verstärkter interregionaler bzw. internationaler Handel. In den letzten Jahren wurde die Landnutzung zudem stark durch die Energie- und Klimapolitik beeinflusst.

Der starke Rückgang des Flächenanteils von Kartoffeln ist unter anderem auf veränderte Konsumgewohnheiten und damit eine veränderte Nachfrage zurückzuführen. Der unterschiedlich stark ausgeprägte züchterische Fortschritt bei Weizen und Roggen (siehe Tab. 1) hat mit dazu beigetragen, dass der Anbau von Weizen stark ausgedehnt wurde, während der Roggenanbau rückläufig war. Mit einem Anbauanteil von 28% der Ackerfläche war Weizen 2010 die dominierende Ackerkultur. Gleichzeitig besteht für Pflanzenzüchter ein Anreiz, sich auf Kulturen mit bedeutenden Anbauanteilen zu konzentrieren. Züchterischer Fortschritt machte es auch möglich, dass Mais als ursprünglich wärmeliebende Pflanze im Laufe der Jahrzehnte auch in nördlicheren Regionen und in Mittelgebirgsregionen angebaut werden konnte und anderen Feldfutterbau (Klee, Feldgras) zunehmend verdrängte. Der Rapsanbau erlebte in den 1980er Jahren einen Aufschwung, nachdem es gelungen war, neue Sorten (00-Raps) zu züchten, die erucasäurefrei und glucosinolatarm sind und damit neue Verwendungsmöglichkeiten eröffneten. Fortschritte im Bereich chemischer Pflanzenschutzmittel ermöglichten es, zunehmend engere Fruchtfolgen zu realisieren.

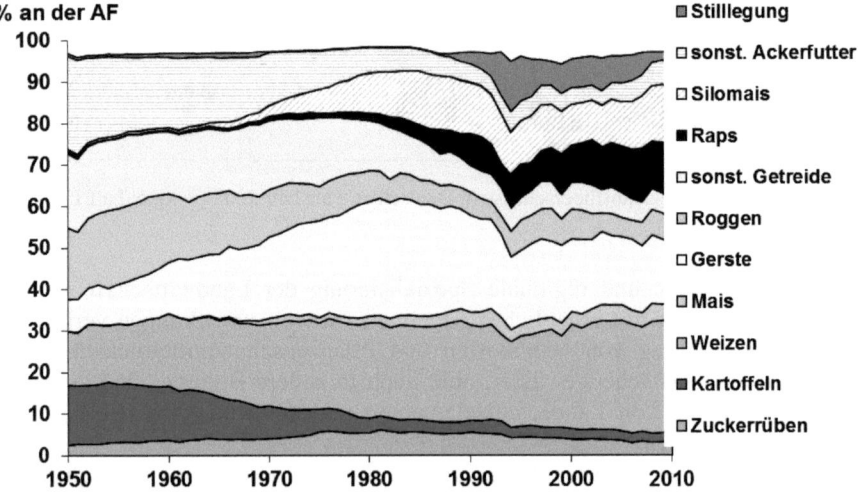

Abb. 3: Anteile einzelner Kulturen an der Ackerfläche in Deutschland (in %) (Quelle: Gömann und Kreins 2012)

Die Gemeinsame Agrarpolitik (GAP) der Europäischen Union, die die Landnutzung auf unterschiedliche Weise beeinflusst, hat sich seit ihrem Bestehen stark verändert (vgl. Weingarten 2010). Insbesondere in den 1970er und 1980er Jahren war die GAP durch eine einkommensorientierte Agrarpreispolitik gekennzeichnet. Charakteristisch für die meisten der als Teil der GAP geschaffenen Marktorganisationen waren ein hoher Außenschutz, Mindesterzeugerpreise (die über dem Weltmarktpreis lagen) und staatliche Aufkäufe zur Preisstützung (Interventionssystem) sowie Exportsubventionen, um Überschüsse auf dem Weltmarkt absetzen zu können (vgl. Weingarten 2010). Seit Anfang der 1990er Jahre wurde die GAP in mehreren Reformschritten weiterentwickelt hin zu einer stärker markt- und wettbewerbsorientierten Agrarpolitik mit direkten Einkommenstransfers (Direktzahlungen) an Landwirte, die heute von der Produktion entkoppelt sind. Der Einfluss der GAP auf die Landnutzung ist vielfältig:

- Für bestimmte Kulturen wurden bzw. werden direkt durch die Setzung von Interventionspreisen (staatliche Aufkaufpreise) oder indirekt durch außenhandelspolitische Maßnahmen die Erzeugerpreise (und auch die Zukaufpreise für Futtermittel) und damit die Wettbewerbsfähigkeit einzelner Kulturen bzw. Viehhaltungsverfahren beeinflusst.
- Durch Quoten wird die Produktion bestimmter Erzeugnisse (Zuckerrüben, Milch) mengenmäßig begrenzt (der im Vergleich zu den 1980er Jahren rückläufige Flächenanteil von Zuckerrüben ist auf steigende Hektarerträge und in den letzten Jahren zusätzlich auf Quotenkürzungen zurückzuführen).
- Zum Abbau von Produktionsüberschüssen (Marktentlastung) wurde 1993 eine quasi-obligatorische Flächenstilllegung eingeführt, die mit Modifikationen bis 2007 wirksam war.
- Ursprünglich ebenfalls zur Marktentlastung (und weniger aus Umweltgesichtspunkten) wurden 1993 Agrarumweltmaßnahmen eingeführt, an denen Landwirte freiwillig teilnehmen können. 2010 wurden Agrarumweltmaßnahmen in Deutschland auf rund 5,4 Mio. ha umgesetzt. Dies entspricht 32 % der landwirtschaftlich genutzten Fläche.
- Die 1993 als Preisausgleichszahlungen eingeführten und heute als Direktzahlungen bezeichneten direkten Einkommenstransfers wurden in ihrer Ausgestaltung und ihrem Volumen seitdem mehrfach verändert, was Auswirkungen auf die Landnutzung hat. Ursprünglich waren sie an bestimmte Landnutzungen („Grande-Culture-Früchte": Getreide einschl. Silomais, Eiweißpflanzen und Ölfrüchte; Mutterkuhhaltung, Schafhaltung) und die gleichzeitige Stilllegung eines bestimmten Flächenanteils geknüpft.
- Seit 2005 sind die als Flächenprämie gewährten Direktzahlungen in Deutschland weitgehend von der Produktion entkoppelt. Dies bedeutet, dass zum Erhalt der Direktzahlungen nicht länger eine bestimmte oder überhaupt eine landwirtschaftliche Produktion vorgeschrieben ist. Die Flächen müssen lediglich in einem guten landwirtschaftlichen und ökologischen Zustand gehalten werden, wozu ein einmaliges Mulchen der Flächen pro Jahr ausreicht. Bis 2013 erfolgt in Deutschland der Übergang zu einer je Bundesland einheitlichen Flächenprämie, bei der nicht länger nach Acker- und Grünland unterschieden wird.

Der Einfluss der Energie- und Klimapolitik schlägt sich in Abbildung 3 insbesondere in den heutigen Anbauanteilen von Raps und Silomais nieder. Die Fachagentur Nachwachsende Rohstoffe (FNR 2012) schätzt, dass 2012 913.000 ha Raps zur Produktion von Biodiesel bzw. Pflanzenöl angebaut wurden und auf 962.000 ha Pflanzen (insb. Silomais) für Biogas erzeugt wurden. Nach Berechnungen des Thünen-Instituts könnte von den in der Flächennutzungsstatistik für 2011 ausgewiesenen 2,0 Mio. ha Silomais bereits die Hälfte auf Energiemais entfallen (vgl. Gömann, Kreins 2012). Zur Bioethanolerzeugung wurden 2012 nach Schätzungen der FNR 243.000 ha genutzt (Zuckerrüben, Getreide). Die massive Ausweitung des Anbaus von Silomais für Biogasanlagen in den letzten Jahren ging in erster Linie zu Lasten der Ackerkulturen Gerste und Hafer, aber auch zu Lasten des Grünlands (vgl. Schramek et al. 2011). In viehschwachen Ackerbauregionen hat die Ausdehnung des Maisanbaus zu einer Auflockerung von Fruchtfolgen beigetragen, in Regionen mit einem hohen Anteil von Futtermais führt Energiemais dagegen zu einer weiteren Verengung der Fruchtfolge.

Ergänzend zur Entwicklung der Ackeranbauanteile in Abb. 3 ist anzumerken, dass die Sortenvielfalt innerhalb der einzelnen Kulturen im dargestellten Zeitraum stark abgenommen hat.

3 Rahmenbedingungen für die zukünftige Entwicklung der agrarischen Landnutzung

Wie das vorhergehende Kapitel gezeigt hat, hat sich die landwirtschaftliche Landnutzung in den letzten Jahrzehnten stark verändert. Auch für die Zukunft ist zu erwarten, dass sich die Landnutzung weiterhin wandelt. Die Rahmenbedingungen für die Landwirtschaft haben sich dabei zum Teil deutlich verändert. Zu nennen sind hier z.B. die erwartbaren Entwicklungen auf den Weltagrarmärkten, sich wandelnde gesellschaftliche Ansprüche an landwirtschaftliche Produktionsweisen, der Beitrag der Landwirtschaft zur Energiewende, aber auch die Reform der GAP, über die zur Zeit intensiv verhandelt wird. Auf die Entwicklung der Agrarpreise, die Reform der GAP und die Energie- und Klimapolitik wird im Folgenden näher eingegangen.

Landnutzungswandel vor dem Hintergrund der Agrar- und Energiepolitik 137

3.1 Entwicklung auf den Weltagrarmärkten

Die global steigende kaufkräftige Nachfrage nach Nahrungs- und Futtermittel sowie nach nachwachsenden Rohstoffen lässt eine aus Sicht der Landwirtschaft deutlich günstigere Agrarpreisentwicklung erwarten als in der Vergangenheit. So schreibt der Wissenschaftliche Beirat für Agrarpolitik beim Bundesministerium für Ernährung, Landwirtschaft und Verbraucherschutz in seinem Gutachten „Ernährungssicherung und nachhaltige Produktivitätssteigerung":

> „Während im Laufe des 20. Jahrhunderts die Weltmarktpreise für Nahrungsmittel deutlich gesunken sind, hat sich der Trend in den letzten 10 Jahren umgekehrt. Derzeit kann der globale Angebotszuwachs kaum mit der Nachfrageentwicklung Schritt halten. Als Folge steigen die Preise" (Bauhus et al. 2012: 5f).

Abbildung 4 verdeutlicht sowohl den starken Anstieg der globalen Agrarpreise nach 2006, hier gemessen an dem monatlichen FAO Food Price Index, als auch die Zunahme der Preisschwankungen in den letzten Jahren. Da die Agrarpolitik der EU heute sehr viel weniger protektionistisch ausgerichtet ist als dies über Jahrzehnte der Fall war (vgl. Weingarten 2010), kommt den Preisentwicklungen auf den Weltagrarmärkten heute eine wichtige Rolle für die Landnutzung in Deutschland zu. Während früher das Brachfallen ganzer Regionen befürchtet wurde, wenn die Preisstützung durch die GAP abgebaut würde, hat sich gezeigt, dass diese Befürchtungen aus heutiger Sicht unbegründet waren. Wurden früher Maßnahmen zur „Marktentlastung", z.B. durch Flächenstilllegungen, ergriffen, wird heute die Notwendigkeit einer nachhaltigen Produktivitätssteigerung thematisiert und die Konkurrenz zwischen Tank und Teller diskutiert.

Abb. 4: Entwicklung der realen globalen Agrarpreise (FAO Food Price Index), 1990-2012 (2002-2004 = 100) (Quelle: Eigene Darstellung nach FAO 2012)

3.2 Die Gemeinsame Agrarpolitik nach 2013

Im Oktober 2011 hat die Europäische Kommission ihre Legislativvorschläge für die GAP für die nächste EU-Finanzperiode (2014-2020) veröffentlicht.[3] Diese werden seitdem im Ministerrat und im Europäischen Parlament sowie in den Mitgliedstaaten der EU intensiv beraten. Bevor der EU-Haushalt für 2014-2020 nicht beschlossen ist, werden auch keine Entscheidungen über die GAP nach 2013 fallen. Damit die GAP rechtzeitig zum 01.01.2014 umgesetzt werden kann, müssen die gesetzlichen Grundlagen auf EU-Ebene hierfür bis spätestens Anfang 2013 getroffen werden. Ob dies gelingt, ist fraglich.

Die Kommissionsvorschläge sehen die Beibehaltung der beiden Säulen der GAP (1. Säule: Markt- und Einkommenspolitik, 2. Säule: Politik zur Entwicklung ländlicher Räume) vor. Im Zentrum der Vorschläge und der Diskussionen über diese steht die zukünftige Ausgestaltung der Direktzahlungen, die „begrünt" und damit neu legitimiert werden sollen. Die ursprüngliche Legitimation (Einkommensausgleich für Preiskürzungen) überzeugt immer weniger, je länger diese Preiskürzungen zurückliegen und je stärker die Erzeugerpreise in der EU wegen günstiger Entwicklungen auf den Weltmärkten steigen. Der Wissenschaftliche Beirat für Agrarpolitik beim Bundesministerium für Ernährung, Landwirtschaft und Verbraucherschutz (2010: 1) plädiert in seinem Gutachten „EU-Agrarpolitik nach 2013" für eine „schrittweise Abschaffung des gegenwärtigen Systems der Direktzahlungen bis 2020 [und] im Gegenzug [für eine] Aufstockung oder Neukonzipierung von Politikmaßnahmen, mit denen der Agrarsektor und die ländlichen Räume möglichst zielgerichtet auf künftige Herausforderungen vorbereitet werden sollen". Dem werden die Kommissionsvorschläge nicht gerecht (vgl. Forstner et al. 2012).

Unter dem Aspekt des Landnutzungswandels kommt insbesondere der Begrünung der Direktzahlungen („Greening") eine besondere Bedeutung zu. Der Entwurf der Kommission für die sogenannte Direktzahlungsverordnung (vgl. Europäische Kommission 2011a) sieht als wichtigste Komponenten für die Direktzahlungen eine Basisprämie vor, die der Einkommensgrundsicherung für Landwirte dient, und eine Ökologisierungskomponente („Zahlung für dem Klima- und Umweltschutz förderliche Landbewirtschaftungsmethoden"), auf die 30% der Direktzahlungen eines Mitgliedstaates entfallen. Für Deutschland sehen die Kommissionsvorschläge für 2014 bis 2020 jährlich rund 5,2 Mrd. Euro für Direktzahlungen vor.

---

[3] Für eine detaillierte Bewertung der Vorschläge aus wissenschaftlicher Sicht vgl. z. B. Grajewski et al. (2011) und Forstner et al. (2012). Aus Sicht der Landnutzung sind insbesondere die Entwürfe der Direktzahlungsverordnung (Europäische Kommission 2011a) und der Verordnung über die Förderung der ländlichen Entwicklung (Europäische Kommission 2011b) von Interesse.

Um die Ökologisierungsprämie, aber auch die Basisprämie erhalten zu können, müssen Landwirte a) ein Mindestmaß an Anbaudiversifizierung einhalten, b) ihr Dauergrünland erhalten und c) mindestens 7% ihrer beihilfefähigen Flächen (ohne Dauergrünland) im Umweltinteresse nutzen (ökologische Vorrangflächen).

Die Anbaudiversifizierung verlangt, dass Betriebe, die drei oder mehr Hektar Ackerfläche bewirtschaften, mindestens drei Kulturen auf dem Ackerland anbauen, jede Kultur mindestens 5% der Ackerfläche umfasst und keine mehr als 70%. Auswertungen des Thünen-Instituts auf Basis der Landnutzung 2010 zeigen, dass knapp 81.000 Betriebe (38% aller Betriebe ab 3 ha Ackerfläche) ihre Landnutzung anpassen müssten. Um das 70%-Kriterium einzuhalten, müssten 178.000 ha (1,5% der Ackerfläche in Deutschland) mit einer anderen Kultur bestellt werden. Reduziert werden müsste insbesondere der Maisanbau (um 113.000 ha bzw. 4,7% der Maisanbaufläche in Deutschland), gefolgt vom Weizenanbau (Reduzierung um 28.000 ha bzw. 0,8% der Weizenfläche in Deutschland) (vgl. Forstner et al. 2012).

Der Erhalt des Dauergrünlandes soll zukünftig auf Betriebsebene und nicht mehr wie bisher auf Bundeslandebene sichergestellt werden. Betriebe dürfen ihre Referenzfläche (Dauergrünlandfläche im Jahr 2014) demnach um maximal 5% reduzieren (zur Grünlandentwicklung in Deutschland siehe Schramek et al. 2012). Auch wenn die Vorgaben in den Legislativvorschlägen dies verhindern wollen, ist damit zu rechnen, dass der Ankündigungseffekt bis 2014 zu einer beschleunigten Umwandlung von Grünland in Ackerland führen wird (vgl. Forstner et al. 2012).

Ökologische Vorrangflächen (ÖVF) werden im Verordnungsentwurf nicht abschließend definiert. Beispielhaft genannt werden Brachflächen, Terrassen, Landschaftselemente, Pufferstreifen und bestimmte Aufforstungsflächen. Nach Auswertungen von Forstner et al. (2012: 33) stellen bereits jetzt „etwa 10 bis 15% der Ackerbau- und Dauerkulturbetriebe ÖVF in Höhe von mindestens 7% zur Verfügung (z.B. Brache). Für Deutschland ergibt sich demnach ein Bedarf an zusätzlichen ÖFV von 620.000 bis 755.000 ha (ohne Berücksichtigung, dass ökologisch wirtschaftende Betriebe die Greening-Auflagen per definitionem erfüllen)."

Über die Begrünung der Direktzahlungen wird zurzeit intensiv diskutiert. Dies betrifft insbesondere die ökologischen Vorrangflächen, und zwar sowohl den 7%-Wert als auch die Frage, welche Betriebe dieser Vorgabe unterliegen sollen und auch, ob zum Beispiel der Anbau von Leguminosen oder die Teilnahme an Agrarumweltmaßnahmen auf die ökologischen Vorrangflächen angerechnet werden dürfen. Insgesamt sind die Kommissionsvorschläge kritisch zu sehen:

„Die Begrünung der Direktzahlungen steht vor dem Grunddilemma, dass Umweltmaßnahmen in der 1. Säule, die für alle Landwirte in der EU-27 gelten, prinzipiell leicht administrier- und kontrollierbar sein müssen und damit in der Regel weniger zielgerichtet sind als freiwillige Umweltmaßnahmen in der 2. Säule. Ein „Greening" der 1. Säule läuft damit immer Gefahr, nur eine scheinbare „Begrünung" mit hohen Mitnahmeeffekten zu sein oder die Umweltleistungen mit zu hohen Kosten zu erkaufen, da der Heterogenität in der EU nicht hinreichend Rechnung getragen werden kann." (Forstner et al. 2012, S. ix).

Die Kommissionsvorschläge für die 2. Säule der GAP, über die z.B. Agrarumweltmaßnahmen gefördert werden, sehen ein im Vergleich zur laufenden Förderperiode weitgehend unverändertes Maßnahmenspektrum vor.[4] Im Umweltbereich ist eine stärkere Fokussierung auf Maßnahmen im Bereich Klimaschutz und Klimaanpassung zu erkennen. Die Kofinanzierung aus dem Europäischen Landwirtschaftsfonds für die Entwicklung des ländlichen Raums (ELER) wird grundsätzlich für Nichtkonvergenzgebiete wie Deutschland auf 50% reduziert. Der Kommissionsvorschlag zur ELER-Verordnung (vgl. Europäische Kommission 2011b) lässt den Mitgliedstaaten mehr Freiraum als bisher, für welche Maßnahmenbereiche sie die Mittel einsetzen können. Die Option, bis zu 10% der Direktzahlungsmittel aus der 1. in die 2. Säule umzuschichten, könnte die Mittel für Maßnahmen, die zielgerichtet die landwirtschaftliche Landnutzung beeinflussen, erhöhen.

3.3 Energie- und Klimapolitik

In den letzten Jahren hat sich Deutschland verschiedene energie- und klimapolitische Ziele gesetzt (siehe Tab. 2). Umgesetzt werden sollen diese Ziele insbesondere über den Handel mit Emissionszertifikaten und Maßnahmen in den Sektoren, die nicht in den Emissionszertifikatehandel einbezogen sind sowie über die Förderung erneuerbarer Energien. Die Emissionen der Treibhausgase Lachgas (N_2O) und Methan (CH_4) sind Teil der Verpflichtungen zur Reduzierung von Treibhausgasen, die aus dem Kyoto-Protokoll folgen. Es gibt jedoch keine konkreten Emissionsminderungsziele für den Agrarsektor (vgl. Flessa et al. 2012).

---

4 Für eine kritische Bewertung der Vorschläge zur 2. Säule siehe Grajewski et al. (2011).

Landnutzungswandel vor dem Hintergrund der Agrar- und Energiepolitik 141

Tab. 2: Energie- und klimapolitische Ziele in Deutschland (Quelle: BMWi, BMU 2011; Gesetz zur Förderung Erneuerbarer Energien im Wärmebereich (Erneuerbare-Energien-Wärmegesetz – EEWärmeG), Gesetz zur Änderung der Förderung von Biokraftstoffen (BioKraftFÄndG))

Reduzierung der Treibhausgasemissionen (ggü. 1990)   • -21% (2012), -40% (2020), -80 bis -95% (2050)   Anteil erneuerbarer Energien am ...   • Bruttoendenergieverbrauch: 18% (2020), 30% (2030), 45% (2040), 60% (2050)   • Stromverbrauch: 35% (2020), 50% (2030), 65% (2040), 80% (2050)   • Endenergieverbrauch für Wärme und Kälte: 14% (2020)   Gesamtquote von Biokraftstoffen am Kraftstoffverbrauch: • 6,25% (Energie) (2010 bis 2014)   • 3,0% THG-Einsparung (2015), 4,5% (2017), 7,0% (2020)   Reduzierung des Primärenergieverbrauchs (ggü. 2008):   • -20% (2020), -50% (2050)

Die Förderung erneuerbarer Energien hat die landwirtschaftliche Landnutzung stark beeinflusst. Die Fachagentur Nachwachsende Rohstoffe (FNR 2012) schätzt, dass 2012 in Deutschland auf 2,1 Mio. ha Pflanzen zur Energiegewinnung angebaut wurden. Dies entspricht 18% der Ackerfläche. Im Wesentlichen handelt es sich bei den Energiepflanzen um Raps und Silomais (siehe Kap. 2). Bezogen auf die gesamte Anbaufläche von Raps in Deutschland macht der Anbau von Raps zur Herstellung von Biodiesel bzw. Pflanzenöl für Energiezwecke knapp 70% aus. Bei Silomais ist die statistische Basis unsicherer. Nach Gömann und Kreins (2012) könnte 2012 rund die Hälfte der Silomaisfläche auf die Produktion von Gärsubstraten für Biogasanlagen entfallen (siehe Kap. 2).

Abbildung 5 zeigt den starken Anstieg der Anzahl der Biogasanlagen und derer elektrischer Leistung, nachdem mit der 2004 erfolgten Novellierung des EEG die Einspeisevergütungen (die für 20 Jahre garantiert werden) für Strom aus Biogasanlagen deutlich angehoben wurden. Auch die Novellierung von 2009 hat die Stromerzeugung aus nachwachsenden Rohstoffen weiter begünstigt. Mit der 2012 in Kraft getretenen Novellierung wurde dagegen die Förderung insgesamt gesenkt. Zudem wurde ein „Maisdeckel" eingeführt, das heißt, Mais und Getreide dürfen maximal 60 Masseprozent der Gärsubstrate ausmachen. Inwieweit diese Änderungen (von denen nur neue Anlagen betroffen sind) und auch die derzeit sehr hohen Getreidepreise den Biogasboom in Zukunft abschwächen werden, bleibt abzuwarten. Der Fachverband Biogas prognostiziert für 2013 einen Zuwachs auf 7.995 Anlagen bzw. 3.312 MW installierte elektrische Leistung (siehe Abb. 5).

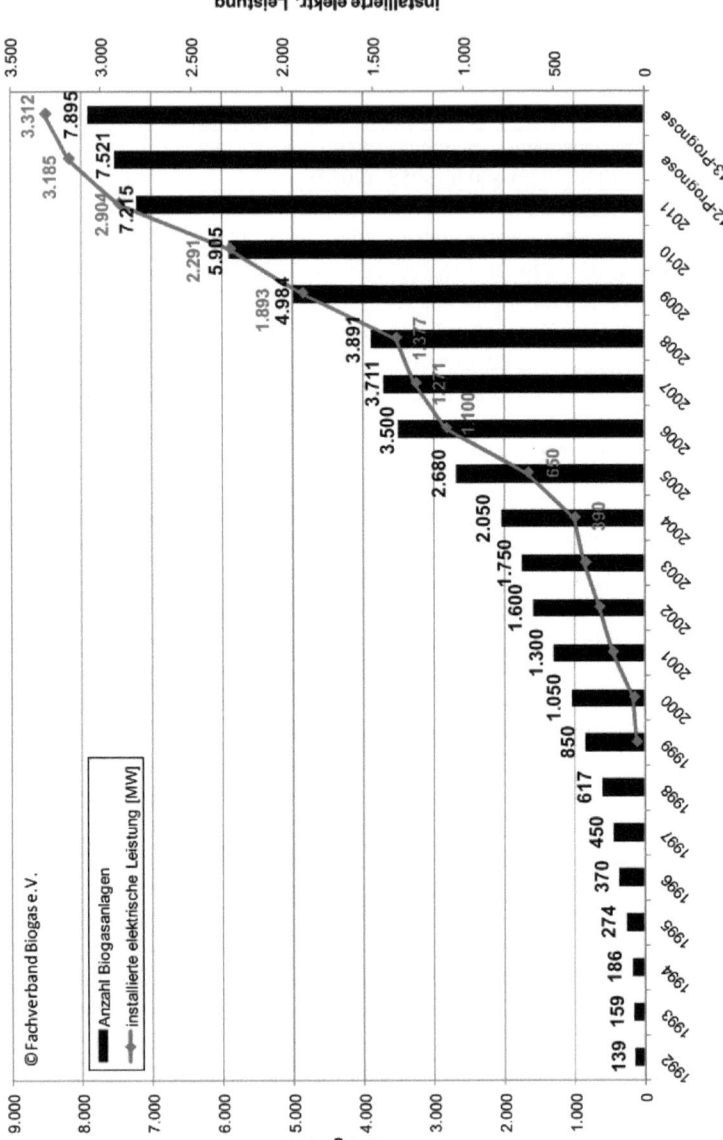

Abb. 5: Anzahl der Biogasanlagen und der gesamten installierten elektrischen Leistung in Megawatt (Quelle: Fachverband Biogas o.J.)

Die Biogasanlagen sind regional sehr unterschiedlich verteilt (vgl. Gömann, Kreins 2012). Eine hohe Anlagendichte findet sich unter anderem in den Veredlungsregionen Nordwestdeutschlands.

Die Förderung erneuerbarer Energien führt zu Nutzungskonkurrenzen um landwirtschaftliche Produktionsfaktoren – dies gilt insbesondere für die Biogasförderung – und beeinflusst die Entwicklungsmöglichkeiten landwirtschaftlicher Betriebe:

„Die Gewinnung erneuerbarer Energien ist für viele landwirtschaftliche Betriebe zu einem wichtigen Standbein geworden und hat deren Zukunftsperspektiven verbessert. Die massive Ausdehnung der Anbauflächen für Energiepflanzen hat lokal zum Teil zu deutlichen Pachtpreissteigerungen geführt und damit die Entwicklungsmöglichkeiten anderer Betriebe eingeschränkt" (Weingarten 2012: 33).

Im Bereich des Klimaschutzes gibt es zwar keine verpflichtenden Minderungsziele für die Landwirtschaft (außer für das indirekte Treibhausgasemissionen verursachende Ammoniak). Sehr wohl kommt dem Klimaschutz aber eine steigende Bedeutung für die Agrarpolitik zu. Dies spiegelt sich beispielsweise darin nieder, dass der Klimawandel (Klimaschutz und Anpassung an den Klimawandel) in der GAP-Reform von 2008 („Health Check" der GAP) als eine der vier „neuen Herausforderungen" thematisiert wurde und die Legislativvorschläge zur 2. Säule der GAP im Agrarumweltbereich stärker als bisher auf Klimaschutz und Klimaanpassung fokussieren (s. o.). In der jüngst erschienenen „Studie zur Vorbereitung einer effizienten und gut abgestimmten Klimaschutzpolitik für den Agrarsektor" (Flessa et al. 2012: 51) empfehlen die Autoren, Klimaschutzmaßnahmen in der Landwirtschaft zuerst in den Bereichen umzusetzen,

„in denen große Synergien mit anderen umweltpolitischen Zielen bestehen. Zu nennen sind hier an erster Stelle: Maßnahmen zur Senkung von N-Bilanzüberschüssen und zur Steigerung der N-Effizienz, Maßnahmen zur Reduzierung der Ammoniakemissionen sowie Maßnahmen zum Schutz von Dauergrünland-, Auen- und Moorflächen."

4 Fazit

Die Landnutzung unterliegt einem permanenten Wandel. Die Größe der landwirtschaftlich genutzten Fläche in Deutschland verringert sich stetig, insbesondere wegen des Wachstums der Siedlungs- und Verkehrsfläche. Auch die Art und Intensität der landwirtschaftlichen Nutzung von Acker- und Grünland unterliegt einem permanenten Wandel. Wichtige Triebkräfte des landwirtschaftlichen Landnutzungswandels sind veränderte Preisrelationen, technischer Fortschritt, agrarpolitische Änderungen und ein verstärkter interregionaler bzw. internationaler Handel sowie insbesondere in den letzten Jahren die Förderung erneuerbarer Energien.

Tendenziell steigende Agrarpreise und die Förderung erneuerbarer Energien setzen Anreize für eine weitere Intensivierung der Landnutzung. Eine nachhaltige Produktivitätssteigerung ist erforderlich, um die wachsende Nachfrage nach Nahrungsmitteln, nachwachsenden Rohstoffen und öffentlichen Güter decken zu können.

Ein Kernstück der Gemeinsamen Agrarpolitik der EU nach 2013, über die 2013 entschieden werden dürfte, ist das Festhalten am Instrument der Direktzahlungen und deren Verknüpfung mit bestimmten zusätzlichen Umweltauflagen („Greening"). Hierdurch würde die landwirtschaftliche Landnutzung insgesamt umweltfreundlicher werden. Allerdings ist das vorgesehene Instrument ein unspezifisches und mit gleichem Einsatz öffentlicher Finanzmittel ließe sich mit gezielten Maßnahmen ein Mehr an öffentlichen Leistungen erreichen.

Für die Energie- und Klimapolitik, deren Einfluss auf die Landnutzung in den letzten Jahren stark gestiegen ist, ist eine stärkere Orientierung an den Vermeidungskosten von Treibhausgasemissionen und an Synergien mit anderen gesellschaftlichen Zielen zu empfehlen.

Literatur

Bach, M., Frede, H.-G., Lang, G.: Entwicklung der Stickstoff-, Phosphor- und Kalium-Bilanz der Landwirtschaft in der Bundesrepublik Deutschland. Studie im Auftrag des Bundesarbeitskreises Düngung (BAD). Wetterberg. 1997.

Bauhus, J.; Christen, O.; Dabbert, S.; Gauly, M.; Heißenhuber, A.; Hess, J.; Isermeyer, F.; Kirschke, D.; Latacz-Lohmann, U.; Otte, A.; Qaim, M.; Schmitz, P. M.; Spiller, A.; Sundrum, A.; Weingarten, P. (2012): Ernährungssicherung und nachhaltige Produktivitätssteigerung: Stellungnahme des Wissenschaftlichen Beirats für Agrarpolitik beim Bundesministerium für Ernährung, Landwirtschaft und Verbraucherschutz. In: Berichte über Landwirtschaft 90 (1), 5-34.

BMELV - Bundesministerium für Ernährung, Landwirtschaft und Verbraucherschutz (Hrsg.) (2011): Statistisches Jahrbuch über Ernährung, Landwirtschaft und Forsten 2011. Münster-Hiltrup.

BMWi – Bundesministerium für Wirtschaft und Technologie, BMU – Bundesministerium für Umwelt, Naturschutz und Reaktorsicherheit (2011): Energiekonzept für eine umweltschonende, zuverlässige und bezahlbare Energieversorgung. http://www.bmu.de/files/pdfs/allgemein/application/pdf/energiekonzept_bundesregierung.pdf (22.08.2012).

Bundesregierung (o.J.): Perspektiven für Deutschland. Unsere Strategie für ein nachhaltiges Deutschland. http://www.bmu.de/files/pdfs/allgemein/application/pdf/nachhaltigkeit_str ategie.pdf (17.08.2012).

Deutscher Bauernverband (Hrsg.) (2011): Situationsbericht 2011/12. Trends und Fakten zur Landwirtschaft. Berlin.

Europäische Kommission (2011a): Vorschlag für eine VERORDNUNG DES EUROPÄISCHEN PARLAMENTS UND DES RATES mit Vorschriften über Direktzahlungen an Inhaber landwirtschaftlicher Betriebe im Rahmen von Stützungsregelungen der Gemeinsamen Agrarpolitik (KOM (2011) 625 endgültig/2).Brüssel

Europäische Kommission (2011b): Vorschlag für eine VERORDNUNG DES EUROPÄISCHEN PARLAMENTS UND DES RATES über die Förderung der ländlichen Entwicklung durch den Europäischen Landwirtschaftsfonds für die Entwicklung des ländlichen Raums (ELER). Brüssel.

Fachverband Biogas (o.J.): Branchenzahlen 2011 und Branchenentwicklung 2012/2013. http://www.biogas.org/edcom/webfvb.nsf/id/DE_Branchenzahlen/$file/12 -06-01_Biogas %20Branchenzahlen %202011-2012-2013.pdf (23.08.2012).

FAO (2012): World food situation / FAO food price index. http://www.fao.org/worldfoodsituation/wfs-home/foodpricesindex/en/ (21.08.2012).

Flessa, H.; Müller, D.; Plassmann, K.; Osterburg, B.; Techen, A.-K.; Nitsch, H.; Nieberg, H.; Sanders, J.; Meyer zu Hartlage, O.; Beckmann, E.; Anspach, V. (2012): Studie zur Vorbereitung einer effizienten und gut abgestimmten Klimaschutzpolitik für den Agrarsektor. = Landbauforschung, Sonderheft 361. Braunschweig.

FNR - Fachagentur Nachwachsende Rohstoffe (2012): Anbau nachwachsender Rohstoffe in Deutschland, http://mediathek.fnr.de/grafiken/daten-und-fakten/anbauflache-fur-nachwachsende-rohstoffe-2012-tabelle.html, (21.08.2012).

Forstner, B.; Deblitz, C.; Kleinhanß, W.; Nieberg, H.; Offermann, F.; Röder, N.; Salamon, P., Sanders, J.; Weingarten, P. (2012): Analyse der Vorschläge der EU-Kommission vom 12. Oktober 2011 zur künftigen Gestaltung der Direktzahlungen im Rahmen der GAP nach 2013. = Arbeitsberichte aus der vTI-Agrarökonomie 2012/04. Braunschweig.

Gömann, H.; Kreins, P. (2012): Landnutzungsänderungen in Deutschlands Landwirtschaft, In: Mais 39 (3), 118-122.

Grajewski, R.; Bathke, M.; Bergschmidt, A.; Bormann, K.; Eberhardt, W.; Ebers, H.; Fährmann, B.; Fengler, B.; Fitschen-Lischewski, A.; Forstner, B.; Kleinhanß, W.; Nitsch, H.; Osterburg, B.; Plankl, R.; Raue, P.; Reiter,

K.; Röder, N.; Sander, A.; Schmidt, T. G.; Tietz, A.; Weingarten, P. (2011): Ländliche Entwicklungspolitik ab 2014 : eine Bewertung der Verordnungsvorschläge der Europäischen Kommission vom Oktober 2011. = Arbeitsberichte aus der vTI-Agrarökonomie 2011/08. Braunschweig.

Köster, W.; Severin, K.; Mühring, D.; Ziebel, H.-D. (1988): Stickstoff-, Phosphor- und Kaliumbilanzen landwirtschaftlich genutzter Böden der Bundesrepublik Deutschland von 1950 – 1986. Hannover.

Kreins, P.; Behrendt, H.; Gömann, H.; Heidecke, C.; Hirt, U.; Kunkel, R.; Seidel, K.; Tetzlaff, B.; Wendland, F. (2010): Analyse von Agrar- und Umweltmaßnahmen im Bereich des landwirtschaftlichen Gewässerschutzes vor dem Hintergrund der EG-Wasserrahmenrichtlinie in der Flussgebietseinheit Weser. = Landbauforschung, Sonderheft 336. Braunschweig.

Kreins, P. (2012): schriftliche Mitteilung von Peter Kreins, Thünen-Institut für Ländliche Räume, Braunschweig, vom 28.06.2012.

Rat von Sachverständigen für Umweltfragen (1985): Umweltprobleme der Landwirtschaft. Stuttgart.

Schramek, J.; Osterburg, B.; Kasperczyk, N.; Nitsch, H.; Wolff, A.; Weis, M.; Hülemeyer, K. (2012): Vorschläge zur Ausgestaltung von Instrumenten für einen effektiven Schutz von Dauergrünland. Bonn, Bad Godesberg

Statistisches Bundesamt (2012): Nachhaltige Entwicklung in Deutschland : Daten zum Indikatorenbericht 2012. Wiesbaden.

Tietz, A.; Bathke, M.; Osterburg, B. (2012): Art und Ausmaß der Inanspruchnahme landwirtschaftlicher Flächen für außerlandwirtschaftliche Zwecke und Ausgleichsmaßnahmen. = Arbeitsberichte aus der vTI-Agrarökonomie 2012/05. Braunschweig.

Weingarten, P. (2010): Agrarpolitik in Deutschland. In: Aus Politik und Zeitgeschichte, Beilage zur Wochenzeitung Das Parlament (5-6/2010), 01.02.2010, 6-17.

Weingarten, P. (2012): Auswirkungen der Energiewende auf Landwirtschaft und Agrarstruktur. In: Landentwicklung aktuell 18, 30-33.

Wissenschaftlicher Beirat für Agrarpolitik beim Bundesministerium für Ernährung, Landwirtschaft und Verbraucherschutz (2010): EU-Agrarpolitik nach 2013: Plädoyer für eine neue Politik für Ernährung, Landwirtschaft und ländliche Räume. In: Berichte über Landwirtschaft 88 (2), 173-202.

Zu den Autorinnen und Autoren

Bock, Stephanie; Dr. rer. pol.

Stephanie Bock, Geographin und Planungswissenschaftlerin; ist seit 2001 wissenschaftliche Mitarbeiterin und Projektleiterin am Deutschen Institut für Urbanistik mit den Arbeitsschwerpunkten Stadt-/ Regionalentwicklung, Governance/ Bürgerbeteiligung, Gender Mainstreaming, Begleitforschung/ Evaluation. Davor war sie u. a. als Dezernentin für Regionalplanung beim Regierungspräsidium Darmstadt und als wissenschaftliche Mitarbeiterin an der Universität Kassel tätig.

Böhm, Birgit; Dipl.-Geogr.

Birgit Böhm (*1962) studierte Geographie mit den Schwerpunkten Stadt- und Regionalentwicklung, Landschaftsplanung, Betriebswirtschaftslehre und Geologie am Institut für Geographie der Universität Hannover und später berufsbegleitend Arbeitswissenschaften an der Universität Hannover. Die Schwerpunkte ihrer Tätigkeit liegen in partizipativen, auf Nachhaltigkeit orientierten, meist kommunalen Entwicklungsprozessen in den zahlreichen Themenfeldern der Stadt- und Regionalentwicklung sowie im Themenbereich Eine Welt. Daneben übernimmt sie immer wieder Lehraufträge an Universitäten sowie Trainings für Moderation und Prozessbegleitung im Rahmen der von ihr begleiteten Projekte, berät kommunale Führungskräfte und Bürgermeister/-innen und begleitet auch Kinder- und Jugendprojekte. Sie arbeitet sowohl in Deutschland als auch im internationalen Bereich.

Brauckmann, Anja; Dipl.-Ing.

Anja Brauckmann (*1984) studierte Raumplanung an der TU Dortmund. Seit 2010 ist sie wissenschaftliche Mitarbeiterin am Institut für Landes- und Stadtentwicklungsforschung und beschäftigt sich schwerpunktmäßig mit den Themen Kosten und Nutzen der Siedlungsentwicklung, nachhaltige Siedlungsentwicklung sowie demografischer Wandel und Stadtentwicklung. Zuvor war sie als wissenschaftliche Mitarbeiterin am Leibniz-Institut für Regionalentwicklung und Strukturplanung in Erkner tätig.

Dahlmann, Irene

Irene Dahlmann (*1959) absolvierte das Studium der Landespflege an der Leibniz Universität Hannover. Seit dem Jahr 2005 ist sie im Niedersächsischen Ministerium für Umwelt, Energie und Klimaschutz mit dem Schwerpunkt vorsorgender Bodenschutz tätig.

Danielzyk, Rainer; Prof. Dr.

Rainer Danielzyk (*1959), seit März 2013 Generalsekretär der Akademie für Raumforschung und Landesplanung – Leibniz-Forum für Raumwissenschaften (ARL), studierte Geographie, Volkswirtschaftslehre und Raumplanung/Verwaltung an der Westfälischen Wilhelms-Universität Münster. Nach Stationen an der Universität Oldenburg und der TU Dresden ist er von 2001 bis 2013 wissenschaftlicher Direktor des Instituts für Landes- und Stadtentwicklungsforschung in Dortmund. Seit 2010 ist er zudem Professor für Raumordnung und Regionalentwicklung an der Leibniz Universität Hannover.

Dittrich-Wesbuer, Andrea; Dipl.-Ing.

Andrea Dittrich-Wesbuer (*1966), studierte Raumplanung an der Universität Dortmund und ist seit 1992 im Institut für Landes- und Stadtentwicklungsforschung tätig. Ihre Schwerpunkte sind Kosten und Nutzen der Siedlungsentwicklung, demographischer Wandel und räumliche Mobilität sowie Siedlungsstruktur und Verkehr

Einig, Klaus; Dipl.-Ing.

Klaus Einig (*1966) ist wissenschaftlicher Oberrat beim Bundesinstitut für Bau-, Stadt- und Raumforschung (BBSR) im Bundesamt für Bauwesen und Raumordnung (BBR). Nach dem Studium der Stadtplanung in Kassel ist er als wissenschaftlicher Mitarbeiter beim Leibniz-Institut für ökologische Raumentwicklung in Dresden mit der Durchführungen von Projekten zu marktanalogen Instrumenten in der Raumplanung und zum regionalen Flächenmanagement betraut. Es folgen Forschungsaufenthalte an der TU Hamburg-Harburg und dem Max-Planck-Institut für demografische Forschung in Rostock. Seit 2002 ist er als Projektleiter beim BBR tätig, seit 2004 stellvertretender Leiter des Referates Raumentwicklung.

Schwerpunkte: Betreuung von Modellvorhaben der Raumordnung (MORO) und anderer Ressortforschungsvorhaben des BMVBS, Raumordnungsbericht, vergleichende Analyse von Landes- und Regionalplänen mit dem Raumordnungsplan-Monitor (ROPLAMO).

Kinder, Ulrich; Dipl. Ing.

Ulrich Kinder (*1959) – Studium an der Fakultät Raumplanung der Universität Dortmund – war zunächst in verschiedenen Planungsbüros in Hannover und Bremen tätig. Von 2000 bis 2007 war er Geschäftsführer des Kommunalverbundes Niedersachsen/Bremen, Delmenhorst. Seit 2007 ist er Leiter des Fachbereiches Planung und Raumordnung der Region Hannover. Er ist seit 2006 Lehrbeauftragter an der HafenCity Universität Hamburg, Fachgebiet Stadtplanung und Regionalentwicklung. Er ist Mitglied in der Vereinigung für Stadt-, Regional- und Landesplanung (SRL), im Informationskreis für Raumplanung (IfR) sowie in der Landesarbeitsgemeinschaft Bremen, Hamburg, Niedersachsen, Schleswig-Holstein der Akademie für Raumforschung und Landesplanung (ARL).

Weingarten, Peter; Prof. Dr.

Prof. Dr. Peter Weingarten (*1965) – Studium der Agrarwissenschaften – promovierte 1996 zum Dr. agr. an der Rheinischen Friedrich-Wilhelms-Universität Bonn. Von 1995 bis 2006 war er am Leibniz-Institut für Agrarentwicklung in Mittel- und Osteuropa (IAMO) in Halle (Saale) tätig, seit 2007 Leiter des Thünen-Instituts für Ländliche Räume in Braunschweig und Honorarprofessor an der Martin-Luther-Universität Halle-Wittenberg. Er ist u.a. Mitglied des Wissenschaftlichen Beirats für Agrarpolitik beim Bundesministerium für Ernährung, Landwirtschaft und Verbraucherschutz, der Akademie für Raumforschung und Landesplanung (ARL) sowie des Vorstands der Gesellschaft für Wirtschafts- und Sozialwissenschaften des Landbaues (GEWISOLA).

Stadt und Region als Handlungsfeld

Herausgegeben vom
Kompetenzzentrum für Raumforschung und Regionalentwicklung in der Region Hannover

Das für den norddeutschen Raum einzigartige Kompetenzzentrum für Raumforschung und Regionalentwicklung in der Region Hannover (KompZ) will mit ihren Bänden der Schriftenreihe Stadt und Region als Handlungsfeld Beiträge in die Diskussionen zu aktuellen und brennenden Fragen der Raumentwicklung einbringen und zugleich für eine nachhaltige Entwicklung unserer Städte und Regionen werben. Städte und Regionen sehen sich schwierigen Herausforderungen gegenüber. Der schärfer werdende Wettbewerb der Standorte im Zuge der Globalisierung und Europäisierung, die Finanzsituation der öffentlichen Haushalte, der demografische Wandel, die Energiewende, der Klimaschutz und die Anpassung an den Klimawandel, der Umgang mit den Umweltmedien Luft, Wasser und Boden, der Verlust an Artenvielfalt und Freiraum unter anderem durch wachsende Flächeninanspruchnahme für Siedlungen und Verkehr in bestimmten Teilräumen sind nur einige Stichworte.

Band 1   Barbara Zibell (Hrsg.): Zur Zukunft des Raumes. Perspektiven für Stadt – Region – Kultur – Landschaft. 2003.

Band 2   Marion Cools / Dietrich Fürst / Holger Gnest: Parametrische Steuerung. Operationalisierte Zielvorgaben als neuer Steuerungsmodus in der Raumplanung. 2003.

Band 3   Dietmar Scholich (Hrsg.): Integrative und sektorale Aspekte der Stadtregion als System. 2004.

Band 4   Heiko Geiling (Hrsg.): Soziale Integration als Herausforderung für kommunale und regionale Akteure. 2005.

Band 5   Hansjörg Küster (Hrsg.): Kulturlandschaften. Analyse und Planung. 2008.

Band 6   Bernhard Friedrich (Hrsg.): Bewegung im Raum – Raum in Bewegung. 2009.

Band 7   Renate Bornberg / Klaus Habermann-Nieße / Barbara Zibell (Hrsg.): Gestaltungsraum Europäische StadtRegion. 2009.

Band 8   Eckart Güldenberg / Tobias Preising / Frank Scholles (Hrsg.): Europäische Raumentwicklung. Metropolen und periphere Regionen. 2009.

Band 9   Dietmar Scholich / Peter Müller (Hrsg.): Planungen für den Raum zwischen Integration und Fragmentierung. 2010.

Band 10 Mareike Köller / Dietrich Fürst (Hrsg.): Kommunale Finanznot. Auswirkungen und Lösungsansätze. 2012.

Band 11 Carl-Hans Hauptmeyer (Hrsg.): Neue Chancen für Kommune und Region. Entstaatlichung, Finanzkrise, demographischer Wandel. 2012.

Band 12 Dietmar Scholich / Lena Neubert (Hrsg.): Nachhaltiges Flächenmanagement. Flächensparen, aber wie? 2013.

www.peterlang.de